大田作物田间
标准化管理技术 40 问

王凌云 黄大方 孙 瑶 主编

U0238535

中国农业出版社
农村读物出版社
北 京

图书在版编目（CIP）数据

大田作物田间标准化管理技术 40 问／王凌云，黄大方，孙瑶主编 . —北京：中国农业出版社，2020.9
ISBN 978-7-109-27151-7

Ⅰ.①大… Ⅱ.①王… ②黄… ③孙… Ⅲ.①大田作作－田间管理－问题解答 Ⅳ.①S505-44

中国版本图书馆 CIP 数据核字（2020）第 143656 号

大田作物田间标准化管理技术 40 问
DATIAN ZUOWU TIANJIAN BIAOZHUNHUA GUANLI JISHU 40 WEN

中国农业出版社出版
地址：北京市朝阳区麦子店街 18 号楼
邮编：100125
责任编辑：冀 刚
版式设计：杜 然 责任校对：吴丽婷
印刷：中农印务有限公司
版次：2020 年 9 月第 1 版
印次：2020 年 9 月北京第 1 次印刷
发行：新华书店北京发行所
开本：850mm×1168mm 1/32
印张：3.25
字数：100 千字
定价：20.00 元

编写人员名单

主　编：王凌云　黄大方　孙　瑶

副主编：曲日涛　张培苹　王英磊
　　　　　臧宏伟　丛　山　刘　备

参编人员（按姓氏笔画排序）：
　　　　　丁　锁　马今昭　马东辉　王双磊
　　　　　宁传丽　曲恒华　吕晓晓　任晓萍
　　　　　许淑桂　牟德芸　沙传红　张晓华
　　　　　陈　康　赵　刚　赵利华　赵海波
　　　　　赵翌辰　原晓玲

//////////////////////////////////

　　田间管理是以及时满足作物对水分、养分、肥料、光照等方面的需求为目的，同时为了保障作物的质量和产量而根据其生长状况采取促进生长或防治病虫害的一些措施。

　　近年来，随着市场经济的不断发展和城市化、工业化建设进程的不断加快，烟台市作为山东省重要的大田作物种植基地，其种植质量和种植效率受到了社会各界的广泛关注和高度重视。目前，大田作物常见的田间管理技术主要包括压垄、补苗、间苗、铲地、除草、垄沟深松、施肥、灌水等措施，由于大田作物的种植面积较大，极易受天气、墒情等自然因素及水、肥等人为可控因素的影响，在大田作物田间管理上具有一定困难，易造成作物减产等问题，使农民经济损失惨重。基于此，我们分别从小麦、玉米、花生、马铃薯等常见大田作物入手，总结了大田作物田间管理关键问题，组织编写了《大田作物田间标准化管理技术40问》一书。

　　田间管理方法、技术直接影响着大田作物的生长环境和生长情况。因此，应该时刻关注从前期管理到防病、防虫、施肥、灌溉等一系列大田作物生长过程中的田间管理工作，以达到作物能高产优质的目标。编写本书就是为了基层农技人员和农户正确应用田间管理技术提供参考资料。

限于编写人员水平，加之时间仓促，书中难免有错误和纰漏之处，敬请读者批评指正。

编　者

2020 年 5 月

[目 录]

CONTENTS

前言

一、小　麦

1. 小麦为什么会死苗?

入春后,小麦很容易出现麦苗死亡的现象,严重影响小麦产量,影响农民收入。根据多年经验,总结出小麦死苗原因,提出相应补救措施,是防止小麦死苗、减少灾害损失的关键所在。

(1) 发生原因

①品种问题。一般冬性强的品种,抗寒能力强;冬性弱的品种,抗寒能力较差,容易冻伤。

②播种时间不当,易造成死苗。播种过早,冬前小麦进行叶片分化,此时小麦抗寒能力最弱,遇冻害常严重死苗;播种过晚,麦苗本身积累糖分少,抗寒性也较弱。

③外界因素。主要原因是管理不当,如越冬水浇灌不适宜、除草剂药害等;或是气候不利,如温度过低、雨雪少寒风多,导致小麦生理脱水死亡。

④病害原因。由病害引起的小麦死苗,主要集中在小麦生长后期,引起小麦死苗的主要病害有全蚀病、纹枯病。

(2) 防治措施

①选取抗寒品种。根据当地气候特点,选择高产、稳产、抗病、抗寒的品种。山东胶东半岛推荐品种主要有烟农 15、鲁麦 14、鲁麦 21、烟农 19、烟农 21 等。

②苗期管理。苗期主要是护根,分蘖后入冬前应进行冬水浇灌,提高低温、保墒处理,增加小麦积温,有利于小麦

越冬；用足底肥，增强作物抗冻能力；苗期除草，应该选择日平均气温不能低于 8℃时，当土壤干旱严重、湿度过大时，应严格控制用药量，不宜施用过量。尤其注意小麦越冬前除草剂应选择效果好的产品，并且应严格控制用量，打药时间应在 14：00～15：00。

③科学播种、施肥。播种时，尽量选择将播种深度控制好，播种深度为 5～6 厘米；要选择适合当地土质的配方肥；有条件的地方可使用种肥同播。

④科学用药。小麦生长期间都应严格控制病虫害的发生，小麦生长前期引起死苗的病害有小麦根腐病、全蚀病，虫害主要为地下害虫，包括蛴螬、金针虫、蝼蛄等，小麦种植前可使用咯菌腈＋噻虫嗪悬浮种衣剂进行包衣，可以有效防止死苗；小麦引起死苗的病害主要有小麦纹枯病、全蚀病，虫害主要有蚜虫，生长后期可施用 2～3 遍药剂，分别是 4 月上旬、4 月中下旬、5 月上旬，施用药剂为苯醚甲环唑＋吡虫啉、己唑醇＋阿维·啶虫脒，二者轮流施用。

2. 如何解释小麦控旺防冻？

俗话说"麦无两旺"，麦苗冬前旺长能使生育期提前，养分积累减少，抗寒力下降，不利于安全越冬。所以，必须控制小麦的长势，具体如下：

(1) 镇压划锄

因早播或雨水大造成旺长严重的麦田，在麦苗分蘖后，可根据情况适时镇压，通过镇压抑制主茎和大蘖生长，起到暂时延缓小麦生长的作用。镇压时要注意选择晴天，早晨有霜冻或露水未干时不能镇压，以免伤苗。镇压后及时划锄。播量过大的麦田，先及时疏苗，建立适宜的群体结构，促进个体发育，补充适量氮、磷速效肥，以弥补土壤养分的过度消耗。

（2）深锄断根

肥水过量形成的旺苗麦田，可深锄断根，当麦苗主茎长出 5～6 片叶时，在小麦行间深锄 5～7 厘米，切断部分次生根，控制养分吸收，减少分蘖，培育壮苗。旺长不严重的麦田可深耕断根，在立冬前后选晴天的下午进行深中耕，深度达 10 厘米左右。通过深中耕达到切断部分根系、削弱植株吸收能力、抑制地上部分生长的目的。

（3）化除调节

必要时，可用 0.2%～0.3% 矮壮素溶液叶面喷施，用以抑制小麦植株生长。

（4）及时浇冻水

越冬前浇水可以补足土壤水分，稳定地温，促进根系发育，确保安全越冬，并为翌年春麦苗返青创造良好的土壤墒情，还可以沉实土壤，粉碎坷垃。浇冬水要在日平均气温 5℃ 时开始浇，夜冻昼消，冬浇正好。对秸秆还田的回茬麦，不论哪类麦田都要浇冬水，踏实土壤，防止吊根。但要做好田间调查，对长势较弱的麦田要适当早浇，对墒情好、长势壮的麦田要适当晚浇。

3. 小麦越冬水怎么浇？

小麦浇越冬水是在过去的生产条件下形成的一项传统技术。过去冬季气温低、土地瘠薄，加之早期品种抗寒能力差。因此，生产中一般都要浇越冬水，以此保证小麦冬季有适宜的水分供应，巩固冬前分蘖，稳定地温，压实土壤，防止冻害死苗。与过去相比，现在生产及气候条件有了明显的变化。因此，小麦浇越冬水应根据不同的情况决定。

（1）浇水原则

小麦播种时，深层底墒好、底肥充足、秸秆还田及整地播种质量高、播后很好镇压、冬前苗情达到壮苗标准，这样的小麦田即便不浇越冬水，小麦也可安全越冬。但有些小麦田就不行，必须得适时浇越冬水，才能安全越冬。

①对秸秆还田、旋耕播种、土壤悬空不实、整地质量差的麦田必须进行冬灌，以踏实土壤。

②对于地力差、施肥不足、群体偏小、长势较差的弱苗麦田，越冬水可适当提前早浇，并结合浇水追肥，促进生长。

③未浇底墒水、抢墒播种、深层底墒不足时，要浇越冬水。

（2）浇水时机

冬灌的时间应把握准确。一般在小雪与大雪节气之间，当 5 厘米耕层土壤内平均地温 5℃、气温 3℃、表土"夜冻日消"时为最佳时期。浇水过早：气温偏高，蒸发量较大，不能起到保温增墒的作用；此外，还可能会因水分充足引起麦苗徒长，严重的可引起冬前拔节，易造成冻害。浇水过晚：温度偏低，水分不易下渗，易形成积水，地表冻结，这样冬灌后植株容易受冻害死苗。

（3）浇水效果

①避免干冻。冬灌后土壤含水量增加，受昼夜温差影响减小，近地表气温变化缓和，从而可以减轻小麦干冻危害。除此之外，又能储水蓄墒，水分以结晶状态存在，防止淋失，并且溶于土壤中的矿质营养也不会淋失，因而起到储水蓄墒的功能。

②预防春旱。我国北方麦区冬季较长，且少降雪，春季也有较长时间的普遍干旱。冬灌后既能满足小麦的冬季生理活动，又能给小麦春季顺利及早返青提供充足的水分。

③改善土壤结构。在经过了一年的土壤耕种后，尤其是不合理的土壤耕种，会使土壤板结、耕作层坚硬、块状结构增多。但冬灌后，由于冻融交替的作用，会使土壤结构团粒化，小麦的土壤根际环境得到改善。

4. 冬季小麦施用除草剂的技巧有哪些？

11月，多数麦田已有杂草显现，以猪殃殃、播娘蒿、婆婆纳、荠菜等为主，多在幼苗期。还有一些不易分辨的杂草，如野麦子、节节麦等。从此时期开始一直到来年春天，都是农民施用小麦除草剂的关键时期。但在实际操作中，由于施用不当经常会出现两种结果：除草效果差或者发生药害。冬季小麦施用除草剂的技巧如下：

（1）小麦田的除草剂种类

防除尖叶杂草：多采用精噁唑禾草灵、炔草酯、啶磺草胺、甲基二磺隆等；防除阔叶杂草：多采用苄嘧磺隆、苯磺隆、氯氟吡氧乙酸、双氟磺草胺、2甲4氯钠等。

不同除草剂的杀草谱各异。以麦蒿、荠菜等为主的地块，可选用苯磺隆、2甲4氯钠；以猪殃殃为优势杂草的地块，可选用氯氟吡氧乙酸或唑草酮；以雀麦、看麦娘、野燕麦、硬草等尖叶草为主的地块，可选用精噁唑禾草灵、炔草酯、甲基二磺隆、啶磺草胺、氟唑磺隆；阔叶杂草混发地块，可选用苯磺隆、双氟磺草胺＋唑嘧磺草胺、氯氟吡氧乙酸、2甲4氯钠，也可进行两两复配，扩大杀草谱，提高防效。

（2）小麦除草剂施用注意事项

为预防药害事故发生，化学除草应严格按照技术规范进行操作：

①要选择在日平均气温稳定在10℃以上，且在10：00～16：00晴朗无风的天气喷洒。

②选择正规厂家药剂，也可选择进口农药防治，并要严格控制施药剂量，不可盲目加大药量。

③配药时采用二次稀释法，即先把原药用少量水稀释搅

拌均匀，然后再按稀释倍数加足水量，充分摇匀后进行喷施。

④喷施要均匀一致，不要重复喷，施药前后要彻底冲洗喷雾器，冲洗液倒入废水沟中。

⑤不可连年施用同一种除草剂；否则，杂草抗性会大大增强，难以防治。

（3）小麦除草剂药害应急措施

喷药后小麦叶片发黄、发僵较严重时，应及时喷施芸薹素内酯、爱多收等促进作物生长的调节剂进行补救。补救过迟，会影响小麦产量。

5. 小麦中后期如何管理有利于高产?

（1）拔节期

拔节期是小麦取得高产的重要时期，此时良好的水肥管理可以有效地提高分蘖成穗率，为小麦高产打下良好基础。小麦拔节期应做好以下工作：

①密切注意天气变化，预防倒春寒。小麦拔节以后生长较为旺盛，此时抗寒能力大幅降低。若此时发生倒春寒，幼穗将受到不同程度冻害，甚至严重减产。此时要密切关注天气变化，做好防护措施。可通过灌水、喷施氨基酸叶面肥、植物激素（芸薹素内酯、碧护）等措施来预防和补救出现倒春寒的麦田。

②及时浇好拔节水。拔节期小麦需水量较大。因此，需要因地因苗在 4 月上中旬及时浇水；对于返青期没有施肥的小麦，可在浇水的同时亩施 8～10 千克尿素。

③综合防治虫害。蚜虫：随着气温回升，4 月上旬是小麦蚜虫发生初期，可每亩*用 10％吡虫啉可湿性粉剂 30～40

---

* 亩为非法定计量单位。1 亩＝1/15 公顷。

克、1.8％阿维菌素乳油 13.3 毫升、50％抗蚜威可湿性粉剂
10～20 克、3％啶虫脒乳油 40～50 毫升，兑水 40～50 千克均
匀喷雾。

红蜘蛛：针对小麦红蜘蛛应在中午或 15：00 后无风天气
进行防治，初期可每亩用 20％哒螨灵乳油 20～40 毫升、40％
三唑磷乳油 21.3～40 毫升、1.8％阿维菌素乳油 10～20 毫
升，兑水 40～50 千克均匀喷雾。

（2）抽穗-扬花期

小麦进入抽穗-扬花期后，距离小麦收获仅有一个多月时
间。该时期直接影响小麦产量形成，同时也是小麦病虫害多
发时期。因此，在此时期必须采取合理的措施，改善小麦生
长条件，可有效地提高小麦产量和品质。

①及时追肥、浇水。孕穗期是小麦需水临界期。因此，
需及时浇好孕穗水和扬花水。但在浇水时应避免大风天气时
灌水，以防倒伏。对于土壤肥力较差、叶色发黄的麦田需要
及时促进麦田生长，可在孕穗期结合浇水亩施尿素 5～10 千
克，以提高结实率。

②防治病虫害。蚜虫：可每亩用 10％吡虫啉可湿性粉剂
20～30 克兑水 50 千克喷雾。若效果不好，可每亩用 5％高效
氯氰菊酯 20～25 毫升再加吡虫啉乳油 10 毫升或 10％吡虫啉
可湿性粉剂 10～15 克兑水 50 千克喷雾第二次防治。

吸浆虫：抓住关键时期防治吸浆虫，发生吸浆虫地块应
着重搞好蛹期防治。可每亩用 50％辛硫磷乳油 200～250 毫升
加水 5 千克拌细沙土 25 千克顺垄撒施，撒后及时浇水。若发
生区麦田处于抽穗后，如果两手扒开麦垄一眼能看见 2～3 条
成虫，还要进行成虫补治。可每亩用 50％辛硫磷乳油 50 毫升
加水 30～45 千克喷雾，在抽齐穗及扬花后 3～5 天及时防治
1～2 次。

白粉病、锈病：发病期一般在 4 月中下旬，对于发病麦

田可每亩用 12.5％禾果利可湿性粉剂 20～30 克或 15％粉锈宁可湿性粉剂 75～100 克兑水 50 千克喷雾。

赤霉病：小麦赤霉病应以预防为主，在小麦抽穗到扬花期遇到 2 天以上阴雨、大雾等天气，必须做到扬花一块、防治一块。每亩用 50 克多酮混剂（多菌灵 40 克加三唑酮 10 克有效成分）兑水 15～30 千克喷雾。

（3）灌浆期

小麦灌浆期应注意防止小麦根和叶的早衰，并注意倒伏情况。

①及时浇好灌浆水。小麦灌浆期需水较多，但灌浆期是否浇水应根据综合因素确定。灌浆水浇水适当可使小麦增产；反之，不仅不会增产，还会造成贪青晚熟或倒伏。

首先，结合天气。若小麦灌浆期间降水较多，可不用浇水；降水较少，则要考虑灌水。其次，看地。土壤肥力高、墒情好的地块可不浇水，而墒情不足的地块要及时浇水。最后，要看苗浇水。生长过旺、具有倒伏风险的小麦田，应尽量不浇灌浆水；否则，一旦出现倒伏，减产更严重。

注意：灌浆期浇水要做到小水轻浇，并密切注意天气变化，大风雨来临之前严禁浇水，以免倒伏。

②补充养分。小麦生长后期根系吸收养分能力变弱，可通过叶面追肥来延长小麦叶片功能，提高叶片光合作用。可叶面喷施养分含量为 $N - P_2O_5 - K_2O = 15 - 5 - 30$ 水溶肥稀释 800～1 000 倍。灌浆期喷施一次即可。对于长势较弱的小麦田，可每 10 天喷施一次。

③防治病虫害。小麦灌浆期是多种病虫害发生的高峰期，该时期需要"一喷综防"，即一次喷施多种预防。这时小麦田主要防治对象是小麦白粉病、锈病、赤霉病和叶枯病等。可选用 10％吡虫啉或 40％的氧化乐果 1 000～1 500 倍液混合 50％多菌灵 800 倍液进行喷雾防治，即可综合防治小麦蚜虫、

白粉病、锈病等病虫害。

（4）收获期

小麦需适时收获，农谚说得好："九成熟十成收，十成熟一成丢。"形象地说明了小麦适时收割的重要性。小麦千粒重在蜡熟末期达到最大值，蛋白质含量也最高，应及时收获。若收获过迟，籽粒脱水变硬，颖壳松散，容易落粒；穗茎变脆，容易掉穗；后熟期短的品种，遇雨还会在穗上发芽。

6. 如何预防小麦白粉病？

阴雨天气，特别是阴雨、晴天交替之际，小麦田间湿度大，长时间光照不足，特别容易引发小麦白粉病。况且小麦正值灌浆时期，也是发病严重阶段。如果防治不及时，严重时会导致小麦提早干枯，造成减产，得不偿失。

（1）小麦白粉病特点

①该病在 0～25℃之间均可发生，最适温度为 15～20℃，借气流传播，以分生孢子或菌丝体潜伏在寄主组织内越冬。如遇有温湿度条件适宜则开始发病，干湿交替易发病。

②白粉病在小麦整个生长期均可发生，以抽穗至成熟期危害最为严重。可侵染小麦植株地上部各器官，以叶片和叶鞘为主。

③白粉病发病症状。最初叶片上出现白色霉点，以后逐渐扩大成白色霉斑，最后变为灰白色至淡褐色，上面散生黑色小点；发病后，光合作用受到影响，穗粒数减少，千粒重下降，严重时导致植株早枯，造成减产。

（2）发病原因

小麦白粉病的流行主要与气候条件、栽培管理和品种抗性有关：①阴雨天多、湿度较大、光照不足易发病；②小麦播种过早、群体过大、偏施氮肥、雨后排水不及时易发病；

③大面积种植易感病品种，以病原为中心传播速度快易流行发病。

（3）防治措施

①选用抗病品种是比较有效的方法。

②合理施肥和密植。氮、磷、钾肥要平衡施用，适当增加磷钾肥，密度不宜过大，注意田间通风透光性；加强田间管理，勤除杂草，及时排水等。

③化学药剂防治。孕穗时开始用药，每隔 7～10 天喷一次，共喷 2～3 次即可收到良好效果。三唑酮是比较常见的药剂，但其效果在逐渐变弱，宜选择施用甲基托布津或多菌灵、烯唑醇、己唑醇等，或跟三唑酮混配施用；同时，还可配入吡虫啉或溴氰菊酯等药剂，综合防治小麦吸浆虫、麦蚜。

7. 为什么冬季小麦会发黄?

冬季是小麦生长缓慢、植株比较虚弱的时期。小麦下部叶片经常出现发黄、干枯的现象，一直到返青、拔节期都会发生，甚至不断加重。

①低温、干旱、大风和霜冻等气象因素造成黄叶。这种黄叶出现时间往往与天气变化紧密联系在一起，范围也往往很大，整块田表现比较一致。这种黄叶是生理性的，一般不用防治，严重的可以追施速效肥料，促进生长。

②土壤缺肥。营养元素缺失包括氮、磷、钾、钙、锌等。缺乏氮素营养的植株整体黄瘦，生长缓慢。缺肥症状并不是土壤中营养元素不足，而是小麦根系对这些营养元素吸收困难。所以，来年小麦底肥可以每亩加入 1 袋生物有机肥，促进根系对营养元素的吸收。

③土壤退化。土壤板结、淹水、渍涝、盐碱害，所有能够影响根系生长甚至造成部分根系死亡的因素都可以造成黄叶，缓解方法为来年小麦底肥每亩增施 1 袋生物有机肥；近

年还经常出现施用药剂造成的黄叶，特别是除草剂过量或方法不当；秸秆还田粉碎不细、分散不均，会架空根系而造成黄叶。对策是改良土壤、增施有机肥、规范用药技术等，一旦出现除草剂药害引起小麦发黄，应及时进行补救，可叶片喷施芸薹素内酯或复硝酚钠进行缓解。

④病虫害。地下害虫取食幼嫩根茎，导致小麦无法正常吸收养分。防治方法是药剂拌种和土壤处理。病害主要有纹枯病、全蚀病和根腐病 3 种，均为真菌病害，初期都能表现黄叶，但病斑发生的部位和病斑形状有所不同。纹枯病主要危害叶鞘，形成像云彩一样的斑点并且向上扩展；全蚀病主要危害茎基部，典型的病斑是在茎基部和叶鞘上出现颜色很深、发黑的病斑，但不向上扩展；根腐病只发生在根部，变褐腐烂。它们都是依靠土壤传播的病害，所以消灭病残体、施用腐熟肥料以及药剂拌种都是有效的预防措施。可施用戊唑醇、丙环唑兼治这 3 种病害。

8. 小麦扬花期到底能不能打药？

（1）小麦扬花期喷药技术要点

小麦开花两三天就结束了，打药时最好避开扬花盛期，避开阴雨。如果在扬花盛期打药，不利于授粉。

对于刚开始传粉的麦田最好等两三天。小麦开花是先从中部开始的，然后是上部，最后是下部，第一天全部是黄花，第二天是黄白相间，第三天全是白色。如果全是白色的花，则说明传粉已经结束了，可以打药了。

如果需要在扬花期喷药，应避开小麦授粉时间。由于小麦是自花授粉，但也有一定的异化率，一般是 9：00～11：00 开花。因此，可以在 16：00 以后喷药。喷药时，雾化效果越好对其影响越小。

（2）扬花期喷洒农药对小麦的影响

如果是开花第一、二天喷药或浓度过大，会造成花药受损，影响授粉发育，导致不孕无籽粒。对于刚开始传粉的麦田最好在 3 天后喷药，切记药剂浓度不能随意加大，防止出现药害导致的无籽粒现象，造成减产甚至绝收。

（3）小麦扬花期肥水管理要点

孕穗期的小麦处于水分需求的临界期，对于土壤肥力较差、总茎数不足及生长瘦弱、叶色发黄的麦田要以促为主，结合浇水亩追施尿素 5～10 千克，防止小花退化，来提高结实率。

小麦扬花期是在抽穗后、灌浆前，这个时期不能浇水，会因浇水冲掉花粉而不能受粉影响产量。

另外，小麦扬花期最容易感染赤霉病，开花遇阴雨则小麦感染赤霉病概率也高，如果在小麦扬花期浇水，田间湿度大，相当于小麦扬花期遇到阴雨天气，有利于发病。最好等到扬花期结束后再浇水。

9. 小麦赤霉病如何防治？

小麦赤霉病别名麦穗枯、烂麦头、红麦头，是小麦的主要病害之一。小麦赤霉病在全世界普遍发生，主要分布于潮湿和半潮湿区域，尤其气候湿润多雨的温带地区受害严重。从幼苗到抽穗都可受害，主要引起苗枯、茎基腐、秆腐和穗腐，其中危害最严重的是穗腐。小麦赤霉病是我国小麦主产区常发性重要病害，不仅严重影响小麦高产稳产，而且发病后产生的真菌毒素（DON）污染麦粒，影响小麦质量安全，对人畜健康构成潜在威胁。

（1）防治策略

小麦赤霉病是典型的温湿气候型重大流行性病害，可防、可控、不可治，必须立足预防。长江中下游、江淮、黄淮南部等小麦赤霉病常年重发麦区，坚持"主动出击、见花打药"不动摇，黄淮中北部、华北等常年小麦赤霉病偶发麦区，坚持"立足预防、适时用药"不放松，科学防控，有效降低病害流行风险，保障小麦产量和质量安全。

（2）防治技术

在加强肥水管理、降低田间湿度的同时，及时喷施对路药剂预防是目前控制赤霉病发生流行、降低毒素污染的关键措施。应做到"四个坚持"：

①坚持适期用药。小麦齐穗至扬花初期是预防控制小麦赤霉病发生的最佳时期。长江流域、江淮、黄淮等常发区，全面落实"见花打药"的预防控制措施，如遇连阴雨、长时间结露等适宜病害流行天气，需进行第二次防治的，应在第一次用药后5～7天再次施药。黄淮北部、华北、西北等偶发区，密切关注天气变化情况，一旦抽穗扬花期遇连阴雨、结露等适宜病害流行的天气，立即组织喷施"保险药"，严防病害发生流行。

②坚持合理选药。选用对路的药剂种类、足够的有效剂量，是保证预防控制效果的关键。长江中下游、江淮、黄淮等赤霉病重发区，以及赤霉病菌对多菌灵产生抗药性的地区，应优先选用氰烯菌酯、戊唑醇、丙硫菌唑等药剂及其复配制剂，慎用多菌灵及其复配制剂。尽量选用微乳剂等耐雨水冲刷剂型，注重轮换施用不同作用机理的药剂品种，延缓抗药性产生，提高防治效果，减轻真菌毒素污染。

③坚持科学施药。选用高效的施药器械、适宜的助剂和稳定剂，是保障预防控制效果的基础。推荐使用自走式宽幅施药机械、无人机、电动喷雾器等施药机械，应尽量避免使用担架式喷雾机。尽可能选用小孔径喷头喷雾，添加相应的功能助剂，保证适宜的雾滴大小和药液均匀展布性能。无人

机尤其是多旋翼无人机作业，应保证药液量并注意添加沉降剂。

④坚持一喷多效。小麦穗期是小麦多种病虫盛发期，也是防控的关键期。各地应以小麦赤霉病预防控制为重点，因地制宜，合理选用和科学混配防控药剂，兼顾做好吸浆虫、蚜虫、条锈病、白粉病等重大病虫害防控。同时，注重防病治虫和控旺防衰相结合，分类指导、药肥混用、保粒增重。

10. 如何判断小麦已经进入拔节期？

（1）小麦拔节期的判断方法

对于地力水平较高、小麦播种基础扎实、冬前浇过越冬水、墒情适宜、群体充足、个体健壮（俗称"麦根好"）的田块，要以控为主。肥水管理可以推迟到拔节中后期（3月中下旬）进行，结合浇水亩追施尿素 10～15 千克。这样做能够避免春季分蘖过多消耗营养，防止群体过大造成田间郁蔽从而导致病虫害加重，促使小麦根系往下扎，增强抗旱、抗倒能力，后期延缓早衰。

对于地力水平一般或较差的沙薄地、小麦播种较晚、未浇越冬水、墒情不好、群体不足、个体分蘖少、播量过大长成单根独苗（俗称"假旺苗"）的田块，要以"促"为主。抓紧时间追肥浇水，促进春季分蘖，转化苗情。结合浇水，亩施尿素 8～10 千克。拔节末期进行第二次追肥，亩施尿素 5～7 千克，提高分蘖成穗率。

除此以外，墒情较好、苗情正常的地块，应以"保""稳"为主，可推迟至拔节初期以后再施肥浇水，促进两极分化，避免发育过快、过旺而受到低温危害，实现趋利避害。建议使用机械深施，减少浪费，提高肥料利用率。同时，还有松土提温的作用，节本增效。

（2）小麦拔节期管理要点

近年来，受轻简化栽培模式、杂草抗药性增强等多种因素影响，麦田杂草危害重、防除难、成本高，尤其是化学除草技术性强，决不能掉以轻心。要根据杂草发生危害特点，以农业防治为基础、化学防除为重点、人工防除为补充，科学安全，综合防控。

春季气温回升后，冬前未出土的草籽陆续发芽出苗，生长迅速，易于吸收药剂。而小麦拔节以后幼穗极易受到伤害，敏感药剂会导致麦穗抽不出来或缺粒畸形，严重影响最终产量。因此，春季化学除草必须抓住小麦返青后拔节前的关键有利时机。

冬前没有进行化学除草的麦田，可以选择日均气温稳定在8℃以上（不能低于5℃），且天气预报未来5天内没有大幅度降温的晴好天气（常年在2月下旬至3月上旬），于10：00～16：00，根据草情、草相等实际情况，到持有农药经营许可证的合法农资门店选准对路药剂，二次稀释（先将药剂用少量清水稀释成母液，然后补足所需的剩余水量充分混合）后，使用雾化性能好的扇形喷头，选择喷杆喷雾机等性能良好的喷雾器械施药，水量充足，确保喷雾均匀。避免重喷漏喷，谨防周边作物或后茬作物发生除草剂药害。

二、玉　米

1. 玉米拌种剂颜色越深防效越好吗？

这里所说的"拌种"是统称，根据药剂分为拌种剂和种衣剂：

拌种剂＝农药有效成分＋溶剂＋染料

种衣剂＝农药有效成分＋成膜剂＋缓释剂＋其他助剂（分散剂＋渗透剂＋增稠剂＋稳定剂＋防冻剂等）＋辅助成分＋染料

从以上对比不难看出种衣剂和拌种剂的差别，种衣剂顾名思义就是给种子穿上衣服，关键技术就是成膜剂和缓释剂，这是它最大的优点。

目前市场上销售的玉米种子都是包衣过的，颜色也很好看，有红色、蓝色等不同颜色。哪个颜色好？怎样辨别包衣玉米的好坏呢？这种包衣的种子会有药效吗？还要不要二次包衣呢？下面为大家解答这些问题。

（1）辨别方法

①颜色。种衣剂的颜色只是一种警戒色而已，表明这些种子是用药剂处理过的，不能用来食用和作饲料，对药效并没有什么影响。

②如何辨别拌种好坏。好的种衣剂包衣比较均匀，一般拌种剂拌过的种子薄厚不匀；好的种衣剂有成膜剂，基本不掉色，一般的拌种剂，用手抓的时候会染上颜色，种子放在水里，会很明显掉色。

③包衣是否有药效。市场销售的玉米种子参差不齐，大

部分都是包衣过的。但种衣剂用的什么成分、用量多少并不清楚。同时，包衣工艺不过关导致种衣剂脱落、降低包衣效果，也是必须要考虑的。所以，玉米种子还是要购买质量有保障、口碑好的品牌。

④要不要二次包衣。包衣种子从包衣到出厂再到农民手里经过多次运输，一是会造成脱落，二是会影响药效。另外，小厂家的种衣剂质量不能保证，如果出现大面积种衣剂脱落的情况，还是建议进行二次包衣。

但也要考虑成本，二次包衣的话，一亩地成本多增加几块钱，对于地少的农户无所谓，但对于大农户来说，这个种地成本还是要考虑的。所以，大户还是要购买包衣质量有保障的玉米种子。

（2）拌种好处

国际上种衣剂始于20世纪60年代，开始阶段农药成分多为福美双、克百威、甲拌磷等。随着技术发展，出现苯醚甲环唑、咯菌腈、吡虫啉、氟虫腈、噻虫嗪等。我国拌种历史悠久，但种衣剂推广应用始于20世纪90年代，相对比较落后。

种衣剂的开发主要用于种子处理，可以防治作物苗期甚至中期一些病虫害的发生，在种植管理中为农户节省劳力和时间，同时降低了打药成本。

①主要预防病虫害。病害：玉米苗期的粗缩病、黑穗病、根腐病、立枯病等；地下害虫：蛴螬、金针虫、地老虎、蝼蛄等；地上害虫：蚜虫、灰飞虱。

②种衣剂包衣后，显著提高玉米种子发芽和幼苗的正常生长，不但使根系发达，须根增多，还能有效提高苗期的抗旱性；出苗整齐，幼苗壮实，为玉米的高产打下基础。

当然，使用种衣剂包过衣的玉米种子，出苗相对晚1～2天。这种属于正常现象，不影响玉米的正常生长发育，同时玉米植株很健壮，抗逆性相对较强。

2. 什么是玉米种肥同播?

每年进入夏至 6 月天，北方农民进入农忙时节，开始集中播种玉米。然而近几年发现，不同于以前的播种、覆土、撒肥和追肥的方式，在玉米播种时，一次性将玉米种子和肥料同时施入田里，这就是所谓的玉米种肥同播。

种肥同播是通过机械化操作，一次性完成精准播种、集中施肥、覆土镇压等作业程序的实用增产技术，实现良种、良肥、良法的结合，前期不用间苗，后期不用追肥，省工省力省时，节省种子，提高肥效，增产增收。但是，种肥同播作为一项新技术，由于推广中某些技术不到位，近几年不断有农民反映有烧苗、不出苗、后期脱肥等问题。所以，在应用过程中还是有许多的注意事项，这里总结了玉米种肥同播的一些技术要点，为大家种植提供参考。

(1) 种子的选择

种肥同播对种子要求很高，必须大小均匀、颗粒饱满，保证播种不缺苗，苗匀苗齐。另外，不仅要选用丰产性好的品种，更要选用抗逆性好的品种，同时发芽率要高，确保玉米苗期生长健壮。

(2) 肥料的选择

种肥同播应选择颗粒均匀、氮磷钾齐全、高氮的控释肥料。这样不仅有利于机播，而且还可以保证玉米对氮的需求。控释肥一定要选择正规厂家生产的；否则，释放容易过快或过慢，造成烧苗或后期养分不足。而控释肥要根据智能膜的情况确定施肥量，如果是树脂膜可一次亩施 40 千克，而其他包膜产品或缓释肥（硫包膜、脲甲醛等）一般每亩不超过 20 千克（后期适量追肥）。另外，碳酸氢铵、尿素、未腐熟完全的农家肥、高氯肥料都不能应用于种肥同播。

（3）同播方式

由于机播化肥比较集中成行，施于根部会使根区土壤盐溶液浓度大，渗透压高，阻碍水分向根内渗透，使作物缺水而受到伤害。尤其是氮肥，即使浓度达不到"烧死"作物的程度，也会引起根系对养分的过早吸收，导致茎叶旺长引起病害、倒伏等问题，造成作物减产。由于作物根具有向地性，所以肥料应施用前楼播，深度应比种子播深 5 厘米以上，最好达到 10 厘米；若平行播，种、肥间隔也应在 5 厘米以上。

（4）农机机播

在播种过程中，需要随时观察下种下肥的情况，防止露种露肥或是过量。另外，若发现覆土不严的情况，需要人工覆土。

（5）土壤墒情

如果天气干旱，为减少烧种、烧苗，应在播后 3～4 天浇水，黏土地应先浇后播。对于秸秆旋耕还田的土壤，可以适当每亩增施 5～10 千克尿素，保持适宜的土壤湿度为田间持水量的 60%～70%，有利于秸秆的腐烂和幼苗生长。

（6）预防粗缩病

由于种肥同播田块玉米返苗较早，叶色青绿易招蚜虫、灰飞虱，在 4～6 叶期须及时防治蚜虫、灰飞虱，尤其是靠近棚菜、杂草较多的田块，以预防玉米粗缩病发生。

3. 玉米苗期的"两虫一病"怎么预防？

夏季玉米播种后，随着高温天气和多雨季节的到来，农户要着重预防玉米苗期的"两虫一病"：二点委夜蛾、蓟马和粗缩病。

（1）二点委夜蛾

二点委夜蛾是近几年发生比较严重的一种虫害。在玉米出苗后即可危害，主要在气生根处的土壤表层处危害玉米根部、咬断幼苗或钻蛀茎基部，形成枯心苗、倒伏或死苗，严重影响产量。

该害虫喜阴暗潮湿、怕光，一般在玉米根部或者湿润的土缝中生存。所以，高麦茬、厚麦糠为二点委夜蛾的发生提供了良好的生存环境。并且，由于其本身外皮较厚、药剂难以渗透、惊吓后假死等特点，因而防治比较困难。但是，二点委夜蛾 3 龄前幼虫对药剂敏感，3 龄后防治困难。因此，对夏玉米田的二点委夜蛾应提早防治。

（2）蓟马

蓟马主要在玉米苗期危害心叶，呈现断续的银白色条斑，同时分泌黏液，致使心叶不能展开，严重时造成减产。蓟马喜干燥条件，干旱少雨季节蓟马发生严重，一年中 6～8 月的降雨多会对蓟马的发生起到抑制作用，干旱少雨有利于蓟马的发生。夏玉米播种基本在 6 月中旬左右，此时正是蓟马发生的另一个高峰期，需提早预防。

（3）粗缩病

玉米苗期受害最重，5～6 片叶即可表现症状：病苗浓绿，叶片僵直，宽短而厚，心叶不能正常展开，生长迟缓、矮化，用手触摸有明显的粗糙感。

粗缩病其实是病毒病的一种，在我国北方，粗缩病毒在冬小麦及其他杂草寄主越冬，也可在传毒昆虫体内越冬，如灰飞虱等；第二年玉米出土后，借这些昆虫将病毒传染到玉米幼苗，玉米 5 叶期以前最易感病。所以，田间管理粗放、杂草多、灰飞虱多，则发病严重。

一旦玉米发生了粗缩病就很难治愈，药剂也无法使它恢复正常。所以，只能提前预防，做好防治结合，控制病情蔓延。

（4）防治措施

①对于二点委夜蛾，最好的防治措施就是清除玉米茎基部的麦秸、麦糠，让其无藏身之处。同时，用辛硫磷拌土撒于玉米茎基部或施用高氯甲维盐喷雾进行防治。

②蓟马和粗缩病要同时防治。由于蓟马主要在心叶危害，要着重喷雾心叶处，可施用吡虫啉或啶虫脒，同时也能防治灰飞虱，切断粗缩病的传播途径；对于蓟马危害的植株要补充叶面肥，如磷酸二氢钾等；针对粗缩病还要加入病毒 A，可以抑制粗缩病的发展。

其实，现在的玉米种子都进行了包衣，基本都是施用的吡虫啉。在苗期，吡虫啉对灰飞虱、蓟马有一定的防治作用；但对于包衣不严格的种子需进行二次包衣，以保证苗期虫害的防治效果，同时减轻粗缩病的发生。

4. 玉米长"丫子"现象是什么？

平时大家在玉米地里经常看到玉米茎基部多长出几棵玉米的现象，农民称其为玉米"丫子"，学名叫分蘖。专家认为，玉米"丫子"的产生有其生理原因，玉米分蘖时间大多在出苗至拔节期间，主要是外界环境的影响削弱了玉米顶端优势；同时，玉米品种、种植密度、播种时间以及土壤水肥等因素都会影响玉米分蘖。普通大田玉米一般不用管，一是没必要，二是费人工。但有两种例外：

①鲜食玉米。比如说甜玉米，它有时不是分蘖，而是多穗。最上边一个穗，下边有好多穗，外观上看与分蘖差不多。这时候要花人工去摘掉，主要是为了保障第一穗的商品性。

②制种田。分蘖后期结穗或受粉，会影响整体的制种质量。因此，制种田里长得比较大的分蘖一定要摘去，比较小的不用去管。

（1）发生原因

首先是品种，有的品种爱长，比较容易出现分蘖；其次是气候，春季温度偏低时，主茎生长受到抑制从而长得较慢，侧枝分蘖就容易发生；再次跟种植密度有关，密度比较稀、靠边行的容易出现分蘖；最后就是肥料较好地块容易出现分蘖。但前 3 种因素有其先天性成分存在，气候无法左右，品种和种植密度又联系紧密，其主要还是由品种决定。分析到最后，只有肥力是人们所能够掌控的。

（2）肥力好的地块分蘖多的原因

这就要考虑农户施肥是否考虑氮磷钾平衡。如果氮肥施用过多，就会使氮肥营养过剩，主茎无法完全吸收，导致分蘖产生，长出"丫子"，替主茎分担营养"压力"；但当主茎生长加快之后，其分蘖就会受到抑制，到后期主茎果穗灌浆之后，分蘖的营养反过来还有可能转运到主茎上来。很多实验证明，长分蘖苗的主茎果穗，不会因为分蘖就减产，反而还可能是壮苗，比一般的果穗要大。

（3）防治措施

根据品种特性，确定合理的群体密度，防止因密度不当造成分蘖发生；玉米在苗期和大喇叭口期产生的分蘖，可结合中耕管理利用人工除去；最重要的就是科学施肥，不要偏施氮肥，增施磷钾肥，以增加农作物的抗逆能力，减轻因肥分不平衡引起的分蘖现象发生，最好的方法就是采用缓控释肥进行种肥同播，前期可提供适量的氮肥供幼苗生长，中后期根据玉米植株需求不断释放养分，为作物不同时期提供不同营养，既提高了肥料利用率，同时也提高了作物产量。

5. 什么是玉米"长尾巴"现象？

近年来，部分玉米田里的玉米心叶扭曲畸形，不能展开，严重的呈尾巴形状。这种玉米"长尾巴"的现象时有发生。那么，为什么会出现"长尾巴"现象呢？

（1）除草剂药害

玉米表现：矮化，心叶扭曲，不能展开，且有分权现象，扭曲叶片无破损。

发生原因：含烟嘧磺隆、乙草胺或 2,4-D 丁酯的玉米除草剂的施用不当会造成玉米心叶无法展开，形成"牛尾"状。

防治措施：药害较轻，心叶扭曲并不严重，追施氮肥并浇水，一周后即可恢复；严重情况下，可叶面喷施调节剂缓解药害，并人工辅助挑开包裹心叶。

（2）害虫危害

玉米表现：心叶扭曲，叶破损、皱缩，剥开外叶，心叶基部已皱缩，且叶上出现排孔，玉米叶正面有透明薄膜状物，部分有黏液，心叶不能正常伸展而扭曲。

发生原因：主要是蓟马危害，且玉米 5～6 叶期受蓟马危害严重。

防治措施：应提前预防，一旦发现心叶卷曲后再用药，效果不好。玉米苗期可用吡虫啉或啶虫脒预防蓟马；中后期应先将玉米受害心叶人工破开，打开扭曲部位，后用药防治，并加叶面肥。

（3）生理病害

玉米表现：较大范围的多个玉米品种上心叶同时出现畸形，心叶呈鞭状扭曲，顶端歪向一侧，抽雄困难。

发生原因：①在特殊气候条件下，如高温干旱或高湿等；②施氮肥过多、过猛，营养过旺也会发生；③与品种特性也有关系。

防治措施：发现后，应人工剥开、辅助抽雄、喷施生长调节剂等。

6. 怎么解释 "玉米异常苗"？

由于玉米苗期管理不当或者气候原因会出现"异常苗"现象，既影响产量，又降低品质。常见的异常苗有以下几种情况：

(1) 黄苗

症状表现：玉米苗初期叶色淡绿，逐渐变黄，严重时枯死，后期易造成空秆或秃尖。

发生原因：①种子质量不佳，不饱满，秧苗不壮；②耕作粗放，播种过深，出苗弱；③密度过大，光照不足，影响生育；④缺氮肥或是其他的中微量元素（如铁、锰、钼、镁、硫等）；⑤地下害虫危害玉米根部，使根系受损、生长受阻，造成植株萎蔫黄苗。

防治措施：①选择良种，颗粒饱满，纯度均在 98% 以上，发芽率在 90% 以上；②加强管理，早间苗、早定苗，有条件的可以进行二次包衣，同时防治地下害虫和苗期病害；③根据不同缺素症状引起的黄苗，叶面喷施不同的叶面肥。

(2) 僵苗

症状表现：主要出现在幼苗 3 叶期前，秧苗株形细小、叶片淡绿，苗不壮、不新鲜，长得僵硬，黑根多，软绵萎缩。

发生原因：①氮肥过量或控释肥质量差导致氮肥释放过快，或者种肥距离太近，引起烧根伤芽出现僵苗；②播种后水分不足，土壤过干，使幼苗在高温干旱下缓慢生长，也容易形成僵叶苗。

防治措施：①种肥同播要选用正规、合格的控释肥产品，并按照种肥同播要求进行操作播种；②播后及时浇水，要保持适宜的土壤湿度。

(3) 白苗

症状表现：一般 4 叶开始，新叶基部叶色变淡，呈黄白色。5～6叶时，叶片出现淡黄和淡绿相间的条纹，基部出现紫色条纹，叶肉变薄，呈半透明白色，植株矮化，节间缩短，叶片丛生。严重时叶片干枯，造成植株死亡，颗粒不收。

产生原因：主要是土壤缺锌所致。

防治措施：①作种肥，每亩用硫酸锌1.5～2.0千克；②叶喷锌肥，在玉米苗期或拔节期喷施，每亩喷施10千克0.2%～0.3%浓度的硫酸锌溶液。

玉米在苗期生长健壮是高产的基础，并可以反映土壤、肥料和管理的状况。所以，大家一定要注意苗期的"异常苗"，并针对相关问题及时解决，从而实现玉米高产。

（4）紫红苗

症状表现：

①紫苗。玉米秧苗叶片、叶鞘由绿变红，最后呈紫色。3叶期开始出现症状，4～5叶期表现突出，症状明显，根系不发达，茎细小，生长缓慢，叶片由绿变紫，最后枯死。

②红苗。当玉米生长出3～4片叶时，常常发现从幼茎基部向上数第三片叶（也有从第四片叶）开始发红。颜色变化先从叶尖端边缘开始，逐渐扩展到叶片的大部分，呈紫红色；如果生长条件不改善，它还会扩展到下部叶片和新生叶片，一直到7～8片叶，严重时可到9片叶。

发生原因：

①品种原因。玉米苗发红在一些品种上比较多见，如农大108、登海9号和登海11号等品种。

②土壤缺磷。土壤中有效磷含量低，阻碍植物体内碳水化合物代谢，叶片内积累糖分过多形成花青素，使叶片变紫。

③低温。低温导致根系吸收能力下降，引起叶绿素合成受阻，致使叶片由绿变紫。

④水分和质地。在土壤水分过多（低洼易涝地）或过少以及土壤黏重的地方种植玉米，导致根系呼吸不畅，容易产

生紫红苗。

⑤播种不当。播种过深或过浅，以及肥料与种子的间距过短，易出现紫红苗。

⑥药害、虫害：药害、虫害等引起玉米苗体内糖代谢受阻，产生大量的花青素，形成紫红苗。

防治措施：

①增施磷肥，提高土壤有效磷的含量。另外，如果出现紫红苗，及时喷施含磷钾的叶面肥。

②地势低洼地要及时排涝，土壤干旱时及时浇水。一般情况下，玉米种肥同播后 3 天内要浇水，可以有效减少紫红苗的产生。

③土壤黏重的地区可多施腐熟的农家肥或商品有机肥，有利于提高土壤通气性和地温。

④种肥同播时，种子和肥料的位置适中。一般来说，种子深度在 3～5 厘米，肥料的深度在 10～15 厘米。另外，种子和肥料的水平距离在 8～10 厘米。

⑤及时防止病虫害。如果发现玉米出现病虫害，及时向当地农业部门的相关专家咨询，根据具体情况及时解决。

在玉米的种植过程中出现异常苗，它不仅仅与植株本身有关，还与平时的田间管理、病虫害等有关。所以，要根据具体情况，及时查明原因，有针对性地采取救治措施。

7. 如何选择玉米除草剂?

玉米喜高温，但在夏秋高温多雨时节，玉米田杂草发生普遍。主要杂草有马唐、稗草、狗尾草、牛筋草、反枝苋、马齿苋、铁苋菜、香附子等。尤其对玉米苗期危害最重，所以化学防治省时、省力。但市场上玉米除草剂参差不齐，农民往往不知如何选择，甚至有的农户误选错用除草剂，给玉米生长造成不必要的损害。所以，了解除草剂的种类及正确施用是防治玉米杂草的关键。

（1）玉米杂草防除方式

玉米除草剂的施用主要分两种方式：一是土壤封闭，二是苗后除草。由于经常采用土壤封闭方式除草，使得部分杂草抗性变强，封闭除草效果较差。但有些农户仍然习惯采用，近些年逐渐推广苗后除草。

①土壤封闭（播后苗期）。玉米播种后，对土壤表层进行喷雾防治杂草，土壤墒情好时效果最好。药剂可选择莠去津、乙草胺、异丙草胺、异丙甲草胺、乙草胺＋莠去津、异丙草胺＋莠去津、丁草胺＋莠去津、甲草胺＋乙草胺＋莠去津等。

②苗后除草。出苗后，对杂草进行喷雾防治，多在玉米3～5叶进行，此时安全性较高。药剂选择烟嘧磺隆、烟嘧磺隆＋莠去津、2,4-D丁酯＋烟嘧磺隆＋莠去津等。

两种除草方式的比较见表1。

表1 两种除草方式的比较

方式	土壤封闭	苗后除草
现状	传统除草方式，效果正在减弱	正在大力推广阶段，技术要求较高
优点	①安全性高；②对玉米品种无选择性差异；③对杀虫剂的再施用无要求	①见草施药，针对性强；②有效防治恶性杂草，如香附子等；③施用时期较长，玉米3～5叶为最佳时期；④可作为封闭防效差的补救措施；⑤对天气、土壤墒情要求相对较小
缺点	①实施时期短；②对土壤墒情要求高；③麦茬高、麦秸覆盖影响封闭效果；④对恶性杂草防效较低，如香附子等；⑤封闭除草剂使杂草抗性增强；⑥对大草杂草生长旺盛，封闭防效差	①对玉米品种选择相对严格；②施药技术要求高；③对有机磷农药施用要求严格；④大风下施药易飘移，危害其他作物

（2）玉米除草剂施用情况

我国玉米主产区：东北（辽、吉、黑）、华北（晋、冀、鲁、豫）、西北（陕、甘、宁）等。

①春玉米主产区。主要为东北地区，仍以苗前土壤封闭剂为主。

药剂选择：单剂系列——莠去津系列制剂、酰胺类除草剂系列、2,4-D 丁酯或现混现用制剂（上述几种除草剂组合）；合剂系列——乙草胺＋莠去津、丁草胺＋莠去津、异丙草胺＋莠去津、甲草胺＋乙草胺＋莠去津等合剂产品在东北地区没有广泛推广开。该地区以单剂现混现用为主，农民自己混用。

苗后除草剂近年来有较大的发展，主要为烟嘧磺隆系列，如烟嘧磺隆单剂、烟嘧磺隆＋莠去津混剂、烟嘧磺隆＋2,4-D 丁酯混剂、烟嘧磺隆＋莠去津＋2,4-D 丁酯混剂等。

②夏玉米产区。主要为河南、河北、山东及皖北、苏北等地。为一年两熟区域，考虑到下茬作物等问题，以合剂系列产品为主，主要除草剂为乙草胺＋莠去津、丁草胺＋莠去津、异丙草胺＋莠去津、甲草胺＋乙草胺＋莠去津等。

近两年，苗后除草剂兴起速度很快。主要产品是烟嘧磺隆系列制剂，以烟嘧磺隆＋莠去津最为广泛；但由于这一区域是夏玉米产区，施药时天气较热，烟嘧磺隆药害相对更为严重一些，要求在推广中更要注意。

（3）玉米除草剂种类

玉米除草剂单剂主要分为三氮苯类除草剂、酰胺类除草剂、苯氧羧酸类除草剂、磺酰脲类除草剂等，下面仅介绍几种常用代表产品。

①三氮苯类除草剂。代表产品有莠去津、氰草津、西玛津、扑草津等，其中以莠去津施用较多，为当前玉米田主要

除草剂。

除草机理：通过杂草根部、茎、叶吸收的药剂在其内传导，抑制光合作用中的希尔反应，使杂草本身饥饿而死。但由于其在玉米体内被玉米酮分解成无毒物质，因而对玉米安全。适用于玉米田一年生杂草，对阔叶杂草的防效优于对禾本科杂草的防效。

注意事项：蔬菜、桃树、小麦、水稻等对莠去津敏感，不宜施用。玉米田后茬为小麦、水稻时，应降低用量，套种豆类的玉米田，不宜施用莠去津。

②酰胺类除草剂。代表产品为甲草胺、乙草胺、异丙草胺、丁草胺、异丙甲草胺等，常用产品为乙草胺和异丙草胺。该类除草剂是目前玉米田最为重要的一类除草剂，可以被杂草芽吸收，在杂草发芽前进行土壤封闭处理，能有效防治一年生禾本科杂草和部分一年生阔叶杂草。

除草机理：药剂被杂草幼芽吸收后，在其体内干扰核酸代谢及蛋白质合成，使幼芽、幼根停止生长，从而起到除草作用。适用一年生杂草，并对禾本科杂草的防效优于对阔叶杂草的防效。

注意事项：撒播露籽田不可施用，如油菜等作物；土壤湿润时封闭效果最好，干旱时应适当加大用水量；阔叶杂草发生较重时可与莠去津混用，扩大除草谱，提高防效；本类产品对鱼毒性较强，注意不要污染水源和池塘。

③苯氧羧酸类除草剂。代表产品为 2 甲 4 氯钠、2,4-D 丁酯等。

除草机理：药剂被杂草茎、叶吸收，并迅速传导至植物各个部位，影响核酸和蛋白质的合成，进而起到除草作用。主要用于玉米田防治阔叶杂草及香附子、田旋花等多年生杂草。

注意事项：2 甲 4 氯钠施用时期不当，易产生药害；

2,4-D丁酯更容易出现药害，所以在华北夏玉米产区不宜施用；本品对棉花、大豆、瓜类、果林等有危害，尽量避免用于以上地块；不可与酸性农药混用，以免降低药效。

④磺酰脲类除草剂。代表产品为烟嘧磺隆、砜嘧磺隆、噻吩磺隆等。实践证明，从防治效果及安全性方面来看，烟嘧磺隆为本类主要除草剂，可防治禾本科杂草、莎草科杂草和部分阔叶杂草。与莠去津混用，可扩大除草谱并提高防效。

除草机理：药剂能被杂草叶和根迅速吸收，通过乙酰乳酸合成酶来阻止支链氨基酸的合成，进而起到除草作用。

注意事项：玉米品种选择性强，甜玉米、黏玉米、登海玉米等品种不能施用本剂，否则易产生药害；苗后 3～5 叶期喷雾效果最好；每季最多施用 1 次，下茬安全间隔期为 120 天；套种豆类的玉米田，不宜施用；施用本剂，前后一周内不能施用有机磷农药（如毒死蜱等），更不能与其混用。

玉米除草剂品种丰富多样，只有选对了合适的种类，并且科学地施用，才能取得事半功倍的效果。如若选择不当，会给玉米造成不必要的损害。

（4）玉米田杂草图谱

每个地区的杂草种类都有所不同，名称叫法也会有很大差别，而且农户口中的名称基本都是本地的叫法。所以，以华北地区玉米田杂草为例介绍（排名不分先后）：

稗草，禾本科，一年生草本植物。

荠菜，十字花科，一年生或二年生草本植物。

繁缕，石竹科，一年生或二年生草本植物。

猪殃殃，茜草科，一年生草本植物。

播娘蒿，十字花科，一年生或二年生草本植物。

看麦娘，禾本科，一年生草本植物。

节节麦，禾本科，一年生草本植物。

雀麦，禾本科，一年生或多年生草本植物。

婆婆纳，玄参科，一年至二年生草本植物。

狗牙根，禾本科，多年生草本植物。

凹头苋，苋科，一年生草本植物。

反枝苋，苋科，一年生草本植物。

表 2　玉米田除草剂的种类和用法

有效成分	用法	用量
异丙甲草胺乳油（72%）	苗前封闭	150 倍
乙草胺乳油（50%）	苗前封闭	100 倍
乙·莠·滴丁酯悬浮剂（52.5%）	苗前封闭	270 毫升/亩
硝磺·烟嘧·莠可分散油悬浮剂（26%）	苗后茎秆喷雾	200 克/亩
烟嘧磺隆可湿性粉剂（80%）	苗后茎秆喷雾	5 000 倍

8. 怎么处理玉米倒伏？

玉米 6 月播种，9 月收获，其生长期间经常遭遇暴雨、大风的恶劣天气，造成玉米的大面积倒伏。玉米倒伏后会造成玉米的减产，倒伏严重的甚至减产 30%～50%。所以，必须有效地防止玉米倒伏或减轻玉米倒伏的程度，保证玉米的高产高效。

（1）倒伏类型

①根倒伏。玉米自地表处同根系一起倾斜。

②茎倒伏。茎秆的基部和中部支撑不住地上部整个植株的重量而发生弯曲或倾斜。

③茎倒折。植株未发生根倒伏，从基部以上某个节位（幼嫩的节、或间间）折断。

（2）发生原因

①气候因素。造成玉米倒伏最直接的因素就是大风和暴雨（7～9 月高温多雨季节）。

②品种抗倒伏能力差。一般来说，植株高、穗位高、根系弱、茎秆纤细且韧性低，易倒伏。

③耕作方式。免耕操作达不到玉米根系生长的要求，也容易造成倒伏。

④密度不当。种植密度大，造成通风不好，植株茎秆徒长而发育纤细、脆弱，而且随着株高增加，穗位升高，重心上移，易倒伏。

⑤肥水不合理。重施氮肥而轻磷钾肥；或控释肥释放过快，前期氮肥太多；或苗期土壤含水量过高，都会造成茎基部生长过快而细弱。

⑥病虫害。危害玉米茎基部的病害、地下害虫以及玉米螟等，造成倒伏。

（3）预防措施

①选择高抗倒伏品种，合理密植。抗倒伏品种特性是植株较矮、穗位较低、根系发达、穗下节间粗壮，如郑单958、浚单20、中科4号、中科11号、农大108等。玉米品种的播种密度应按照说明书的介绍进行种植，不可随意增加或减少。

②科学的肥水管理。浇水要做到"三看"：看天、看地、看苗情，切忌在苗期"蹲苗""练根"时浇水；施肥时，最好选用配方合理、养分全面、质量好的控释肥，切忌偏施氮肥。

③化学调控。适时施用一些植物生长调节剂增加玉米抗倒伏能力，如在雄穗伸长期喷洒乙烯利；在14～19展叶时喷施玉米健壮素等。

④及时防治病虫害。通过二次拌种或后期喷药，及时防治病害、地下害虫和玉米螟等蛀茎害虫。

（4）倒伏后对策

根据倒伏时期及倒伏程度采取不同的补救措施：

①倒伏时期。

抽雄前后：一定要在倒伏后及时扶起，并扎把。扎把时，把果穗扎到绳子上边，不可把果穗扎到下边，扎把的数量以3～4棵最好。

拔节前后：不必人工扶起，可让其自动恢复直立。

②倒伏程度。

根倒伏：在雨后3天内尽快人工扶直，并培土。

茎倒伏：在雨后轻轻挑动植株，抖落雨水，减轻压力，使其自动恢复。

茎倒折：直接割除做饲料。

玉米倒伏是由多方面因素造成的。所以，不仅要做好预防措施，还要根据倒伏后的情况，决定扶不扶、怎么扶。

9. 玉米不结实怎么办?

在玉米生长过程中，会发现部分玉米竟然不抽雄，也就表示这些玉米在后期不能结玉米。到底是什么原因导致玉米抽雄困难、不结玉米呢?

（1）种植密度

种植密度过大时，会导致田间通风透光差，玉米生长发育不良，玉米穗分化受阻，造成玉米缺行少粒严重。

措施：在播种时，播种量一定要严格遵循种子包装上的说明用量。同时，在玉米苗期时，若发现密度过大，可在苗期适当间苗。

（2）授粉率低

零星或线状种植时，会降低雌花授粉概率。由于玉米是同株异花作物，即雄花在植株上方，雌花在植株下方，授粉距离较远，容易出现授粉率低下。

（3）水分不调

玉米自喇叭口到开花阶段是玉米需水临界期。若在这一阶段遇到缺水干旱的情况，将导致玉米抽雄迟缓或雄穗抽出后干枯死亡，造成花粉量大大减少和雌雄不调的现象。一旦抽雄前后久旱无雨，将导致雄穗花期与雌穗抽丝时间错开，花期不能相遇，授粉率大大降低。

措施：根据天气、土壤情况，在喇叭口前后及时浇水，若需水临界期一过，再补水将于事无补。

（4）天气因素

玉米扬花散粉期间若遇到阴雨天气，会导致玉米穗不能正常开花，有的花粉膨胀破裂或黏结成团失去活力，影响正常授粉受精的进程。同时，若开花期遇到 35℃ 以上的持续高温，同样会造成花粉、花丝干枯，最终不能完成受精。

措施：如玉米抽穗、开花期间雨水较多，要做好排水工作，以免受涝，使植株发黄及滋生病害，影响玉米产量。

（5）病虫危害

玉米花期受到玉米螟、蚜虫、黑粉病等病虫危害后，会导致功能叶早衰，也会加剧玉米空穗现象，减产严重。

措施：一旦发现玉米田间出现病虫害，要及时用药剂进行防治，如功夫、多菌灵等杀虫、杀菌剂。

10. 玉米长"雀斑"了，怎么办？

玉米叶斑病是这两年玉米生长中后期的主要病害，严重时能导致玉米减产高达 40%，种植户往往在种植过程中不能有效控制，病害严重年份经常造成严重损失。玉米叶斑在叶片上呈星星点点状，斑斑点点像极了"雀斑"，让玉米看起来"丑极了"。那么，一起来看看玉米长斑的原因及其如何给玉米"祛斑"。

（1）病害简介

玉米叶斑病是针对主要危害玉米叶片导致斑点的病害统

称，主要包括玉米大斑病、玉米小斑病、玉米弯孢霉叶斑病、玉米灰斑病、玉米细菌性条斑病。其中，前三者为真菌性病害，后两者为细菌性病害。不同品种和不同区域叶斑病的发病情况有较大差别，多数玉米种植区域发病以大小斑病害为主，其他病害零星发生。

（2）病害规律

玉米叶斑病在幼苗期发病较轻，主要集中在玉米生长中后期。在华北地区，春玉米发病时间主要集中在5～7月，夏玉米主要集中在7～9月。玉米叶斑病发病与气候有很大关系，高温多雨会导致病害加重。玉米大小斑病菌以菌丝体在病株残体上越冬，病原菌可随气流、风雨传播，可进行多次侵染。

（3）防治措施

①加强管理。合理密植，保持良好的通风、透光条件，增强作物长势和抗病性；科学浇水，合理施肥，为作物制造的合理生长条件；适时清理病叶，减少二次侵染。

②预防为主。玉米本身生长能力就比较强，小病、小虫也不会导致大毛病。因此，只要不是叶斑病大面积暴发，对产量的影响也不至于很大。对于玉米叶斑病，要讲求"预防为主"的策略，在玉米发病前施用药剂进行预防，基本能保证玉米丰产。可施用的杀菌剂为苯醚甲环唑、嘧菌酯、代森锰锌等，在生长后期喷施3次，间隔期为15～20天。也可以施用杀菌种衣剂对种子进行处理，后期在结穗后，只需喷施一次上述杀菌剂即可。

③田间清理。收获后，将玉米病残体清理干净，并将田中杂草清除干净，深耕20～30厘米，减少病原菌，并且可以疏松土壤。

11. 什么是玉米钻心虫？

玉米在生长期间会遇到各种各样的虫害，导致玉米减产降质。那么，如何防治玉米钻心虫呢？

（1）分类

玉米钻心虫（*Ostrinia nubilalis*），螟蛾科秆野螟属，是玉米的主要害虫，其幼虫蛀入玉米主茎或果穗内，能使玉米主茎折断，造成玉米营养供应不足，授粉不良，致使玉米减产降质。玉米钻心虫主要有两类：玉米黏虫和玉米螟。

表 3　玉米黏虫与玉米螟的区别

分类	玉米黏虫	玉米螟
害虫种属	夜蛾科幼虫	螟蛾科幼虫
形态特征	①幼虫头顶有八字形黑纹；②幼虫发育成熟期间会发生5种颜色转变，故也叫五色虫；③腹足外侧有黑褐纹，气门上有明显的白线；④上有5条背线	①圆筒形，头黑褐色；②背部颜色有浅褐、深褐、灰黄等；③中、后胸背面各有毛瘤4个，腹部1~8节背面有2排毛瘤，前后各2个；④腹足趾钩3序缺环
危害特点	①玉米黏虫以幼虫暴食玉米叶片，严重发生时，短期内吃光叶片，造成减产甚至绝收；②当一块玉米田被吃光，幼虫常结群列纵队迁到另一块田危害，故又名"行军虫"；③一般地势低、玉米植株高矮不齐、杂草丛生的田块受害重	①在玉米的各个生育时期都可以危害玉米植株的地上部分，取食叶片、果穗、雄穗；②3龄前主要集中在幼嫩心叶、雄穗、苞叶和花丝上活动取食，被害心叶展开后，即呈现许多横排小孔；4龄以后，大部分钻入茎秆

（2）防治措施

管理防治：①越冬幼虫羽化以前，处理玉米、高粱、棉花等越冬寄主的茎秆，消灭越冬虫源；②种植诱杀田；③选育抗虫品种。

生物防治：①玉米螟蛾产卵盛期释放赤眼蜂杀卵；②玉米心叶中期用白僵菌颗粒剂施入心叶喇叭口中杀幼虫；③成虫发生期利用黑光灯或性诱剂诱杀。

药剂防治：①1.5％辛硫磷颗粒剂按 1∶15 拌土，每株 1 克撒入心叶；②5％高氯甲维盐微乳剂、15％茚虫威乳油 1 500倍喷雾，下午喷药，重点喷施部位在心叶。

三、花　　生

1. 花生苗期烂根怎么办?

　　苗足够是一切作物高产最基本的要素。对于花生来说,苗齐、苗壮同样是花生高产的根本。但是,每年由于烂根造成缺苗、少苗的田块比比皆是。目前,花生苗期烂根主要是由根腐病、茎基腐病等根部病害以及众多其他原因造成。那么,花生苗期烂根的原因有哪些? 如何防治?

　　(1) 症状表现

　　植株矮小,叶片黄化,发病重的叶柄下垂,叶片自下而上枯萎脱落,病株 7～10 天枯死。地下根系、主根呈鼠尾状,结果少而秕,植株黄化矮小。

　　(2) 发生原因

　　①花生种子质量差。所谓“龙生龙,凤生凤,老鼠生来会打洞”,好的花生根系的产生离不开好种,尤其是本身含有病原菌或者本身霉变的种子,极易引起花生烂根。

　　②播种过早或过深。播种过早,地温偏低,种子的酶活性降低,呼吸减弱,花生发芽出苗缓慢;播种过深,留土时间延长,降低了种子抗病能力,增加了种子感病的机会,易发生烂根现象。调查研究表明,早播深播田的田间缺苗现象明显重于晚播浅播田。

　　③重茬严重。花生重茬土壤病原菌和害虫积累多,病虫基数大。未施用杀菌剂拌种或播种时未施用杀虫剂的地块往往发生较重,这也是导致烂根的又一个主要原因。

④药肥施用不当。施用化肥、未腐熟的粪肥、化学杀虫剂等直接与种子接触或施用量过大，则易造成灼种、烂种；除草剂施用量过大或因喷洒不均匀使局部药量过大，或前茬施用除草剂残留也会导致幼苗发生烂根苗黄死亡。

（3）防控措施

①选用优质种子。无论购买种子或自留种子，都要选择荚果饱满、种性突出、果壳白净、没有霉污的优质新品种，果壳发黄变黑、带有病斑的荚果不能当种果用。

②做好种子处理。在选种后播种前一个月至半个月晒种2～3天，然后剥壳，粒选分级，剔除病仁、残仁、秕仁。在播种时，用花生专用种衣剂如10％适乐时、毒死蜱拌种剂或用其他专用药剂拌种或浸种。

③增施菌肥，慎用除草剂。田间耕作要精细，确保地平土松，无大坷垃。重茬严重地块，最好用一些微生物菌肥在耕地时施入。施用化肥作种肥时，要实行种、肥分离，防止灼种。浇水要充足均匀，播种深度要一致，以3厘米左右为宜，覆土要严密。花生田除草时，施用的除草剂应严格按照说明书施用，不可私自加大用药量或扩大应用范围。麦后种花生，麦田除草剂应在冬前施用，尽量选用复配除草剂，避免单个除草剂品种剂量过大造成花生药害，避免施用含有甲磺隆、氯磺隆等残效期长的除草剂。喷洒除草剂要均匀，不能漏喷或重喷。

花生药害较轻时，应积极采取应对措施，采用追肥、叶面喷肥、喷洒生长素和施用解毒剂等综合措施。如果药害过于严重，建议改种其他作物。

④及时苗后管理。在多数种子出苗后，如发现有些未出苗的种穴，可挖查是否种子已变质腐烂或不能出苗。如可出苗，则查明原因，改善种子出苗条件；如已不能出苗，则应及时催芽补种。

⑤选择沙壤地块进行种植，播种深浅要恰当，温度适宜时播种，可配合薄膜进行土壤保墒措施。

⑥药剂防治。用丰治根保 600～800 倍液或 50％多菌灵可湿性粉剂 1 000 倍液或 70％甲基硫菌灵可湿性粉剂 800～1 000 倍液或 30％氢氧化铜＋70％代森锰锌按照 1∶1 混匀配成 1 000 倍液。在发病初期对根喷雾淋湿，严重地块间隔 7～10 天连喷 2～3 次。

2. 什么是花生白绢病?

花生白绢病又称菌核性茎基腐病，俗称白脚病。齐整小核菌，属半知菌亚门真菌。在广大花生主产区都有分布。病株率一般为 5％左右，严重的达 30％，个别地块高达 60％以上。近年来，由于花生种植面积不断扩大以及连年重茬种植，带来了田间小气候的显著变化，导致花生白绢病的分布逐年加大，成为花生生产上的主要病害。

(1) 症状表现

多发生在花生生长的中后期，前期发病较少。在个别地区，白绢病在前期发生也很多，甚至发生在苗期，危害严重。花生根、荚果及茎基部受害后，初呈褐色软腐状，地上部根茎处有白色绢状菌丝（故称白绢病），常常在近地面的茎基部和其附近的土壤表面先形成白色绢丝，病部渐变为暗褐色而有光泽。植株茎基部被病斑环割而死亡。在高湿条件下，染病植株的地上部可被白色菌丝束所覆盖，然后扩展到附近的土面而传染到其他植株上。在极潮湿的环境下，菌丝簇不明显，而受害的茎基部被具淡褐色乃至红色软木状隆起的长梭形病斑所覆盖。在干旱条件下，茎上病痕发生于地表面下，呈褐色梭形，长约 0.5 厘米。并有油菜子状菌核，茎叶变黄，逐渐枯死，花生荚果腐烂。该病菌在高温高湿条件下开始萌动，侵染花生，沙质土壤、连续重茬、种植密度过大、阴雨天发病较重。

（2）发病原因

①重茬病原菌积累，并引起土壤有害成分增多，根系环境差，抗病性差。该病原菌主要在作物残体或者土壤中越冬，随着连年种植，病原菌连年积累导致该病越来越严重，病菌在田间靠流水或昆虫传播蔓延。

②多年沿用同品种花生，导致抗病力弱。目前市场上大多数品种都属于中、低抗品种，而且种植户大部分靠自家留种，连续种植多年后花生抗病力明显减弱。

③忽略有机肥施用。农民过度施用化肥，土壤有机质严重缺乏，土壤结构、理化性状不断恶化，导致植株营养不良，对白绢病的抵抗能力下降。

④气候变化适宜于白绢病的发生。近两年高温季节较早，温度比较适宜病原菌繁殖，在进入危害盛期时储备大量病原菌，随着 6～7 月降水量增多，高湿的环境引起白绢病大量侵染危害。

（3）防治措施

①收获后及时清除病残体，深翻；施用酵素菌沤制的堆肥或腐熟有机肥，改善土壤通透条件。

②尽量选用无病种子。播种时用杀菌剂拌种，可施用杀菌剂成分为咯菌腈、苯醚甲环唑等；在发病初期，发现病状后对根喷雾淋湿，严重地块间隔 7～10 天连喷 2～3 次，可施用药剂为噻呋酰胺悬浮剂、氟酰胺悬浮剂防治。

3. 花生为什么会空壳？

近年来，花生空壳现象时有发生，空壳严重影响了花生的产量，造成经济效益损失。

（1）空壳原因

①品种差异。主要是大花生系列容易产生空壳问题，而

小花生珍珠系列很少有。易发生在土壤活性钙较低的酸性或偏酸性土壤上。

②低产水平很少出现的空壳问题在高产条件下日趋突出。大花生亩产量普遍由原来的不到 200 千克提升到 300 千克以上。

③不平衡施肥现象突出，大部分花生种植地区氮肥施得多，既不利于根瘤固氮，又使地上部茎叶过于繁茂；有机肥分配很少；现今磷肥所施用的品种大部分由以往的过磷酸钙转变为磷酸二铵和三元高浓复合肥。这对花生地中微量元素的补充和营养平衡很不利。

④钙素不足。花生缺钙主要是由于钙元素供应不足，一旦钙元素供应不足后，荚果发育较差，不易形成籽仁，最终形成空壳。然而，之所以出现钙元素供应不足又有以下几个原因：

土壤因素：一方面，土壤中有机质含量不足，又不注重补充钙肥，土壤中的钙元素收支不平衡，导致缺钙；另一方面，土壤酸性过大时，酸性土壤中的钙元素较低，表现为缺钙。

天气原因：荚果形成期若遇长期阴雨天气，会严重阻碍根系对钙元素的吸收利用。

荚果层土壤缺钙：花生需钙较多，而根系吸钙能力又有限，特别是花针期后，花生荚果生长发育所需要的大量钙元素，主要依靠果针和幼果自身从土壤中吸钙来满足。因此，果针下扎后的结荚阶段，即使根系所处下部土层并不缺钙，而结荚果所处土层中缺钙或供钙不足，也会影响荚果形成，导致花生空壳。

钾肥过量：由于钾元素和钙元素之间存在拮抗作用，当钾肥施肥过多时，会抑制植株对钙元素的吸收，致使花生缺钙。

土壤缺硼：硼元素影响花生开花和授粉，一旦土壤缺少硼元素后就会影响荚果和籽仁的形成，最终导致花生空壳。

土壤缺磷：花生缺磷后，叶色暗绿，茎秆细瘦，根系发育较差，根瘤少，开花少并且分化受阻，荚果发育不良，很容易出现空壳。

（2）防止花生空壳措施

①增施有机肥。由于有机肥营养全面，一般每亩施用腐熟有机肥 3 000～4 000 千克作基肥。基肥数量多，可作全耕层施用；数量较少，可作种肥施用。

②施用土壤调理剂。酸性土壤中可选用生石灰或熟石灰，既可以调节土壤酸碱度，又可补充土壤中钙元素，切忌不可连续施用，要与有机肥或生物有机肥配合施用。

③施用过磷酸钙。因过磷酸钙不但含有磷素，还含有大量石膏，石膏又称硫酸钙，可为土壤增加钙肥。一般每亩施用过磷酸钙 30～40 千克，作基肥施用。

④喷施硼肥。硼素是植物花器和生殖器官正常发育所必需的营养元素。沙性土壤和缺硼严重土壤可每亩施硼砂 1 千克，作基肥或作种肥。一般土壤可在初花期用 0.2％～0.3％硼砂溶液进行根外追肥 2～3 次。

⑤喷施钼肥。钼肥能促进花生根瘤发达，叶色深绿，长势壮旺，果饱充实。在初花期或下针期，每亩用 0.3％～0.5％的钼酸铵溶液进行根外追肥。

⑥深施钾肥。钾肥要深施结果层以下，防止结果层含钾过多，影响对钙的吸收，增加烂果。

⑦若花生苗长势弱，叶色淡，可增加 0.3％尿素和 0.3％磷酸二氢钾溶液，每 7～10 天一次，连续喷施 2～3 次，可减少花生空壳率，提高结实率，一般可增产 1 成以上。

4. 花生控旺什么时候打，怎么打？

花生在生长旺期，如果管理不好，就会造成花生疯长、徒长，只长秧子不结果。这已经成为一个不争的事实。

（1）花生控旺原因

花生在水肥充足、气温高、光照好的条件下，生长速度加快，极易造成茎叶徒长。这种旺长对花生增产没有直接有利的影响，反而浪费了地力、肥力。如果不及时控制，株高过高、过密，茎秆由于生长过快，细柔无力，很容易倒伏。而且，营养过度供给茎叶，使得荚果发育所需营养减少，果实不饱满，影响产量。

因此，必须重视对花生旺长进行有效控制，有效促进养分向根部转移，把营养生长转化为生殖生长，使得花生果仁饱满，提高成果率，从而达到花生增产的目的。

（2）花生控旺最佳时期

利用植物生长调节剂对花生进行调控，不要希望一蹴而就，一下子就控制住旺长，这样是不符合花生的生长规律的。正确的施用方法和原则是少量多次，逐步控制。

①最佳时期：大量果针入土时期，此时第一批入土的荚果有小拇指头肚那么粗，第二批果针头部似鸡嘴状。

②水肥充足，长势旺，株高达到 30～35 厘米。

③喷施前后要注意保持田间土壤湿润。过旱不利于养分吸收，且会提高对花生的抑制作用，产生单仁现象。

（3）花生控旺剂的选择

生产中比较常用的控旺剂多为三唑类植物生长调节剂。这些药剂不但具有生长调节作用，还具有杀菌治病的功能。效果较好的药剂有多效唑和烯效唑，这两种药剂都是三唑类植物生长调节剂，多效唑控旺效果好，不易发生药害，持效期长，但在土壤中残留时间过长，对下茬作物有一定的影响；烯效唑是近几年才推出的一种三唑类植物生长调节剂，活性比多效唑高 6～10 倍，在土壤中残留时间短，对下茬作物影响小，有可能取代多效唑，成为一种新型的控旺剂。

（4）花生控旺剂使用方法

控旺剂在使用时，应掌握以下原则：

①多次少量法。花生控旺要分 2～3 次进行，避免一次用量过大，控旺过早，影响花生正常生长。每亩用药总量不超过 40 克（每次用药 20 克左右），每次喷药不超过 30 升。

②喷药在午后进行，6 小时内如果遇雨应重喷。

③喷药时加入少量中性洗衣粉，可增加药液展着和叶片吸收能力。

④喷药时要喷花生顶部生长点，一喷而过，不能重喷。

5. 如何判断花生成熟期?

（1）花生成熟的标准

花生进入收获期后，植株、茎叶等有明显的变化。从植株长相看，上部叶片昼开夜合的感夜运动不灵敏或消失，中下部叶片由绿转黄并逐步脱落，茎秆转为黄绿色并枯软，植株由紧凑变为疏松，并且有倒伏的倾向，此时为最佳收获时期。

（2）利用荚果的成熟度来确定收获期

小果型早熟品种饱果率达到 75％以上、中间型中熟品种饱果率达到 65％以上、普通型晚熟品种饱果率达到 45％以上时，荚果果壳硬化，多数荚果的网纹明显，荚果内部海绵层收缩破裂并有黑褐色光泽，种仁饱满，种皮呈现固有的颜色，就要抓紧收获，收晚了掉果多，拣拾困难，产量降低，品质变劣。

（3）情况不同可采取不同收获期

一般先收早熟品种和瘠薄地块，迟收晚熟品种和水肥充足地块。土壤湿润时收获的荚果比干燥时收获的荚果发芽率高，留种用的花生要比一般用的花生提早收获。适期收获的花生，果壳内膜呈白色，种子生活力强。

（4）花生收获期注意事项

①密切注意收获期的天气变化。注意收听收看天气预报，有针对性地做好防雨淋、防潮的应对措施。

②及时晒干。新鲜花生荚果含水量一般为 $45\%\sim55\%$。为避免霉烂变质，应及时晒干；留种和非留种花生要分开晾晒。

6. 花生高产打三遍药，这种方法可取吗？

近年来，花生打三遍药开始被越来越多的农民使用，也逐渐得到农民们的认可，这种方法也是可取的。

（1）花生打三遍药可解决的问题

①苗期病害严重，如死苗、烂根、枯萎病现象严重，且不好治愈。

②叶斑病、锈病等病害逐年增多。

③花生控旺产品多，质量参差不齐，一些产品控旺控不住，而一些产品控旺过头，造成花生减产。

④花生早衰现行普遍存在，花生用药在逐年增加，但花生多年不增产或增产极少。

⑤花生配方用药产品太多，不好选择，并且很多配方存在重复用药现象，给农民造成经济负担。

（2）花生用药

①杀菌：噁霉灵、苯醚甲环唑、丙环唑、多菌灵、戊唑醇。

②控旺：多效唑、烯效唑、甲哌鎓、矮壮素。

③营养：芸薹素内酯、磷酸二氢钾、钼酸铵以及微量元素（如铁、锰、锌、硼等）。

（3）花生打三遍药的功效

①第一遍功效。防治花生立枯病、死苗烂根、根腐病、病毒病，有效缓解除草剂危害；解决花生因缺素造成的黄叶小叶、失绿黄化、长势不良，补充多种微量元素；补充花生营养，增强光合作用，提高花生生长原动力，增加抗旱抗盐碱能力；增加根瘤菌含量、促进根系发达、增强授粉、多开花、多下针、防止重茬。

②第二遍功效。控制花生旺长疯长，矮壮植株，促进结荚，增加叶绿素含量，提高光合作用；补充钾、硼、钙、铁、钼等微量元素，补充营养，防止黄叶，促进根瘤菌生长；防治花生锈病、叶斑病等病害。

③第三遍功效。调节叶片生长，延缓叶片衰老，提高花生抗逆性，防治落叶早衰；防治病害，有效防治叶斑病、锈病等病害；补充钾、硼、钙、铁、钼等微量元素，促进果实膨大，提高双仁果率和三仁果率；保证果实成熟的同时植株秸秆、茎叶还是新鲜的，并使花生籽粒饱满，大幅度增加产量。

（4）花生三遍药的最佳使用时间

第一遍药：花生幼苗期使用效果最佳；第二遍药：花生结荚期（50%植株出现鸡头状幼果）开始使用；第三遍药：花生饱果成熟期（收获前20天）使用。

7. 花生的生长周期包括哪些?

根据花生的生长特性，可以分为5个生长时期：发芽出苗期、幼苗期、开花下针期、结荚期和饱果成熟期。

（1）发芽出苗期

发芽出苗期一般为花生从种下到出苗，具体时间与气候温度有关。这一时期的生长特点主要是生根、分枝、长叶等，以作物生长发育为主。该时期一般不会打药，需要注意地下病虫害。

（2）幼苗期

幼苗期是从出苗一半到始花期。这一时期生长特点是以营养生长为主，花芽开始分化，开始形成根瘤。这一时期的管理特点是促进根瘤形成和花芽分化，预防烂根和茎基腐病害。

（3）开花下针期

自 50％植株开花到 50％植株出现鸡头状幼果为开花下针期。这一时期生长特点是营养生长与生殖生长并进，根瘤大量形成，固氮能力增强。开花下针期管理特点保证花生光照和肥水充足，以保证果针入土。期间注意防治烂苗和死苗以及防止害虫。

（4）结荚期

从 50％植株出现鸡头状幼果到 50％植株出现饱果为结荚期。这一时期生长特点是大批果针入土形成幼果或秕果，营养生长达到最盛期，水肥消耗量达到最盛。这个时期，花生营养生长达到顶峰，气温高，光照足，要保证水分充足。注意防治死苗和害虫。根外施肥防止早衰，促进荚果发育。

（5）饱果成熟期

从 50％植株出现饱果到大多数荚果饱满成熟为饱果成熟期。这一时期生长特点是营养生长日渐衰退，以生殖生长为主，根瘤停止固氮。这一时期管理特点主要是预防衰老。

8. 花生田除草剂知多少？

花生杂草的去除方法主要有生态防治、农业防治、物理防治和化学防治，目前在生产上应用多、效果优的防治策略为化学防治。那么，花生要想除杂草效果好，选对除草剂是关键。下面对花生田常用的除草剂性能进行解析。

（1）乙草胺

又名消草胺。为 50％乳油、86％乳油，主要防除一年生杂草，对苋、藜、鸭跖草、马齿苋也有一定的效果，对多年生杂草无效。50％乙草胺乳油露栽田每亩用量 78～100 克，覆膜田 45～66 克，兑水 50～70 千克，均匀喷洒于土壤表面。花生出苗后，可与盖草能混合施用喷洒地面，既抑制了萌动而尚未出土的杂草，又杀死了已出土杂草，提高防效。应注意随土壤有机质含量的高低而确定用量的上、下限。有机质含量多的土壤除草剂活性差，用量多，取上限；反之，取下限。

（2）扑草净

为 50％可湿性粉剂、80％可湿性粉剂。该除草剂为内吸传导型，药可从根部吸收，也可从茎叶渗入体内，传导至绿色叶片内发挥除草作用。主要防除一年生阔叶杂草、禾本科杂草和莎草科杂草。扑草净是芽前除草剂，于花生播种后出苗前，每亩用药 50～72 克，兑水 60～70 千克，均匀喷洒于土表。扑草净还可与甲草胺混合施用，效果很好。

（3）氟乐灵

又名氟特力等。为 48％乳油或 2.5％、5％颗粒剂。该除草剂是通过杂草种子发芽生长穿过土层的过程中吸收，是选择性芽前土壤处理剂。适合覆膜花生田，露栽田施药后应立即混土，以防挥发、光解。主要防除禾本科杂草，花生播种后苗前用药液喷洒地面，每亩 48～72 克。

（4）盖草能

为 12.5％乳油、24％乳油，芽后选择性除草剂。具有内吸传导性，茎叶处理后很快被杂草叶片吸收，并输导至整个植株，抑制茎和根的分生组织并导致杂草死亡，对抽穗前一年生和多年生禾本科杂草防除效果很好，对阔叶杂草和莎草无效。花生 2～4 叶期、禾本科杂草 3～5 叶期，每亩用药 5～8 克，兑水 60～70 千克喷雾于杂草茎叶，干旱情况下可适当提高药量。

(5) 普沙特

又名豆草唑。为 5％水剂，选择性芽前和早期苗后除草剂，适用于豆科作物防除一年生、多年生禾本科杂草和阔叶杂草等，杀草谱广，在花生播后苗前喷于土壤表面，也可在花生出苗后茎叶处理。黏土或有机质含量高的地块，用量酌增；沙质土或有机质含量低时，用量宜少，每亩用量 78～100 克，兑水 50～70 千克，均匀喷洒于土壤表面。可与除草通或乙草胺混合施用，提高药效。

(6) 排草丹

又名苯达松。为 48％液剂、25％水剂，是触杀型芽后除草剂，药剂主要通过茎叶吸收，传导作用很小。因此，喷药时药液要均匀覆盖杂草叶面。可以防除莎草科和阔叶杂草，对禾本科杂草无效。与液体氮肥混用茎叶处理时，可增加除草剂活性 2～4 倍。在花生 2～4 叶期时施药，最多施用一次。每亩常用量 76.5～96 克。选择高温晴天时用药，除草效果好。

(7) 五氯酚钠

又名五氯苯酚钠。为 80％粉剂、95％粉剂、25％颗粒剂，属于灭生性触杀型除草剂。一年生杂草种子在萌发时接触药层而死亡。花生播后出苗前，每亩用药 56.3～83.3 克，兑水喷洒地面。注意沙质土不能施用本剂，以防药液渗入土中造成危害。毒性较高，施药作业时切勿与皮肤接触。

(8) 杂草焚

又名达克尔、布雷刚。为 21.4％水溶液，属于选择性触杀除草剂。适用于花生、大豆等作物防除阔叶杂草，如马齿苋、鸭跖草、铁苋菜、藜、苍耳等，对于芽后 1～3 叶期禾本科杂草也有效。花生 1～3 叶期、阔叶杂草 3～5 叶期用药，每亩用量 24～32 克，兑成药液，均匀喷洒于杂草茎叶，与防除禾本科杂草的盖草能、稳杀得等先后施用，除草彻底。

（9）灭草灵

为 25％可湿性粉剂、50％可湿性粉剂、20％乳油，是选择性内吸兼触杀型除草剂。旱田在作物播后苗前土壤处理，杂草芽前或芽后早期（1～3 叶期）用药，每亩 180～370 克，可用于花生、棉花、大豆、玉米、小麦等作物田，防除一年生禾本科杂草和某些阔叶杂草，如稗草、马唐、牛筋草、狗尾草、车前草等。

（10）拿捕净

又名烯禾啶、乙草丁。为 20％乳油、12.5％机油乳油，是选择性强的内吸传导型茎叶处理剂。药剂能被禾本科杂草迅速吸收，并传导到顶端和节间分生组织，使其细胞遭到破坏。药剂施入土壤很快分解失效，在土壤中持效期短，宜作茎叶处理剂。在禾本科杂草 2～3 个分蘖期间均可施药，花生田每亩用量 13～26 克。

四、马铃薯

马铃薯，茄科作物，全球四大粮食之一，因酷似马铃铛而得名。2015 年，马铃薯成为我国战略性主粮，马铃薯种植面积进一步扩大，那么马铃薯怎么进行田间标准化管理呢？

1. 马铃薯如何催芽？

种植马铃薯，要想获得高产，除选育良种、科学管理之外，催芽也是获得高产的关键措施之一。它直接影响马铃薯的产量和马铃薯薯性，老话说得好"见苗收一半"，只有出好芽，才能保证苗齐、苗壮，让马铃薯赢在"起跑线"上。马铃薯催芽主要用以下方法：

（1）室内催芽法

选择通风凉爽、温度较低的地方，把马铃薯切成小块，保证芽口 1～3 个，用凉水清洗。晾干后，在室内用湿润沙土分层覆盖催芽，堆积三四层，上覆盖稻草（或棉被）保持水分，温度保持在 20℃左右。当芽长到 0.5～1 厘米，取出放在室外阴凉处，炼芽 1～3 天即可播种。

（2）赤霉素催芽法

利用 1‰赤霉素（质量比 1∶2 000）水溶液浸种 0.5～1小时，捞出后随即埋入湿沙床中催芽。沙床应设在阴凉通风处，铺湿沙 10 厘米，1 层种薯 1 层沙，摆 3～4 层。经 5～7天，芽长达 0.5 厘米左右即可，再炼芽播种。应该注意的是：先用少量酒精将赤霉素溶解，加水稀释到所需的浓度，将种薯装入篓或网袋中再放入药液浸泡即可；种薯切一批浸一批，不可过夜，以免伤口形成愈伤组织，降低浸种效果。

（3）温室大棚催芽法

塑料大棚内的走路头上（远离棚门一端），如果地面过干，喷洒少量水使之略显潮湿后，铺 1 层薯块，撒 1 层湿沙（注意药物消毒），这样可连铺 3～5 层薯块，最后上面盖草苫或麻袋保湿，但不能盖塑料薄膜。经 5～7 天，芽长达 0.5 厘米左右即可炼芽播种。

（4）育苗温床催芽法

利用已有的苗床，也可现挖一个苗床。将床底铲平后，每铺 1 层薯块撒 1 层湿沙，铺 3～5 层薯块，最后在沙子上面盖 1 层草苫。苗床上起好竹拱，盖严薄膜，四周用土压好。经 5～7 天，芽长达 0.5 厘米左右即可炼芽播种。

（5）注意事项

①催芽时，对马铃薯进行切块处理时，应注意切刀消毒处理，可使用杀菌剂或者乙醇消毒。

②催芽过程中应坚持"五宜五不宜"，即薯块宜大不宜小，层数宜少不宜多，土（沙）宜干不宜湿，锻炼苗子时间宜长不宜短，芽子宜短不宜长。

③催芽过程中湿度不宜过大。湿度大，很容易导致幼芽茎部生根，这些根在播种前炼芽阶段会因失水而干缩或死掉。

2. 马铃薯苗期怎么管理?

幼苗期是以茎叶生长为中心的时期，也是为块茎的形成和淀粉积累打基础的时期。一般经历 15～25 天。一般出苗后 5～6 天，便有 4～5 片叶展开，已形成的根系从土壤中不断吸收水分和养分供给幼苗生长，此段时间主要消耗母种营养，一直维持到出苗后 30 天左右。此后一段时间以茎叶生长和根系发育为中心的时期，同时伴随着匍匐茎的形成伸长以及花芽和部分茎叶的分化，幼苗期主茎叶片生长很快，需肥量不多，但对水肥十分敏感，应加强中耕除草和早浇水、早追肥。幼苗生长的适宜温度为 18～20℃，高于 30℃或低于 7℃茎叶停止生长，－1℃会受冻害，－4℃幼苗就会冻死。

（1）地下害虫防治

马铃薯播种后和苗期易遭受地下害虫危害，造成烂种和缺苗。因此，对于往年地下害虫比较泛滥的地块，要制订防治地下害虫的预案。地下害虫主要是地老虎、蛴螬、金针虫等，种植前应进行拌种处理，可施用药剂为吡虫啉、噻虫嗪；也可施用颗粒剂进行撒施，可施用药剂为辛硫磷、毒死蜱等。

（2）及时培土保全苗

出苗期要及时进行浅中耕培土，加厚覆盖土层，切断土壤毛细管，减缓水分蒸发速度，延长幼苗存活时间，尽力保全苗。覆土时间掌握在达到 30%的幼芽顶土之后。

（3）及时施肥促壮根壮苗

出苗后，每亩要追施尿素 10 千克＋生根产品 5 千克左右，迅速壮根提苗。具体施肥方法是随水冲施，然后中耕、培土。

（4）叶面喷施抗蒸腾剂

马铃薯叶片充分展开后，可使用抗蒸腾剂进行叶面喷施。抗蒸腾剂能在叶片表面形成一层保护膜，减缓水分蒸发。抗蒸腾剂可选用亚硫酸氢钠、腐植酸、氯化钙、黄腐酸（FA）、三唑酮、冠醚等。

（5）扣棚马铃薯注意通风放气

每日 8：00～10：00 在棚内温度达到 18℃以上时，要扒开通风口放风，使棚温控制在 25℃以内；地膜马铃薯已经开始出苗，出苗期每日 9：00 前全田巡查一遍，出土后及时破膜以防烤苗。

(6) 补水播种时墒情不足者，注意观察膜下土壤湿度

若湿度不足表土干燥，可能会造成幼苗还未出土就被灼伤，建议及时补水以利于出苗。

3. 如何应对马铃薯"徒长"现象？

徒长是指农作物因生长条件不协调而产生的茎叶发育过旺的现象。马铃薯由于同一地块内连续多年种植，易受病毒侵染，并在无性世代中积累病毒导致品种退化，尤其是设施大棚种植的马铃薯，很容易发生徒长，而马铃薯徒长极易造成不结薯、结小薯、烂秧以及加重晚疫病的发生，造成马铃薯的减产。因此，必须控制马铃薯的徒长。

(1) 症状表现

一般发生在幼苗期结果前，植株严重拥挤，枝叶互相遮阳，茎秆纤细、茎节突出、节间长、叶片薄而色淡；另外，幼苗期以及坐果后也有可能发生。

(2) 发生原因

①马铃薯块茎形成和生长期要求土壤湿度适宜，不能过干也不能过湿，特别是遇干旱块茎很难或很少形成，膨大生长会受到极大抑制。土壤相对湿度 80％以上或空气湿度经常高于 50％～60％；或遇到连续阴雨天，光照不足；或大棚温度过高（30℃以上），以及昼夜温差较小，尤其是夜间温度高（15℃以上），容易发生徒长。

②栽培密度过大，植株生长期间产生严重拥挤枝叶互相遮阳，其节间过长，使地上部分生长过旺，形成徒长。

③施肥量过大，尤其是氮肥用量过大，易引发徒长。另外，马铃薯后期遇到高温环境，追施氮肥过量，也会引起徒长。

(3) 防止措施

①肥水管理。底肥可每亩施用生物有机肥 150～200 千克

和掺混肥（15 - 10 - 20 或 16 - 16 - 16）100～120 千克，在块茎长到 3 厘米左右时，可每亩随水冲施水溶肥（15 - 5 - 30）5～10 千克；前期要进行控水蹲苗，保持土壤湿度60%～70%。

②温度管理。马铃薯生长前中期，棚内白天温度控制在16～22℃，夜间温度应控制在 12℃左右；中后期，棚内白天温度控制在 22～28℃，夜间温度控制在 16～18℃，达到 28℃要及时放风降温。

③合理密植。单行栽培，垄距 50 厘米，垄高 15～20 厘米，株距 18～20 厘米；或双行栽培，垄宽 90 厘米，每垄栽 2 行，行距 50 厘米，株距 18～20 厘米。

④药剂控旺。植株有徒长现象，可适当控旺，尽量少用多效唑类药剂（多效唑、烯效唑），这里推荐苯甲丙环唑，在防病的同时也能起到控旺的作用；另外，在现蕾到初花，也可使用矮壮素等进行叶面喷施控旺。

4. 马铃薯现蕾期如何管理？

马铃薯被我国规划为重要粮食作物之一，种植面积正逐年扩大。但马铃薯田间细节上的管理往往容易被人忽视，如现蕾期，这是地上地下部分开始同步生长的重要时期。此时，马铃薯需肥需水最多，加强现蕾期田间管理，是获得马铃薯丰产的关键措施。

(1) 及时中耕

马铃薯现蕾后，一定要加强中耕，进行浅锄土，随中耕实行高培土，培土高达 15～20 厘米。同时，由于马铃薯结薯无需授粉，所以可在现蕾期摘除花蕾，减少花蕾消耗养分，进一步提高马铃薯产量。

(2) 适当追肥

对植株矮小、黄弱的，应每亩施用水溶肥（N - P_2O_5 -

$K_2O=20-20-20$）5～10 千克；对植株生长旺盛的田块，应施钾肥为主，可亩施水溶肥（$N-P_2O_5-K_2O=15-5-30$）5～10 千克，或施用掺混肥（$N-P_2O_5-K_2O=15-10-20$）15～20 千克。

（3）喷施根肥

现蕾期，应选择晴天下午进行根外喷肥，喷施 0.3％磷酸二氢钾和 0.3％硫酸锰混合液，或用 15％多效唑可湿粉剂 150 克加水 15 千克，搅拌均匀后喷施，亩喷施药液 50 千克，可使马铃薯植株矮化 1/3，叶色变浓绿，增加叶片对光照的利用，提升商品薯比例。全田喷一次 0.3％～0.5％高锰酸钾溶液，可防马铃薯黑茎病、病毒病。

（4）病虫害综合治理

马铃薯进入现蕾期，田间生长郁蔽，容易出现高湿环境，导致晚疫病大面积发生，可以用 64％噁霜灵加代森锰锌 500 倍喷雾，或用 72％霜霉威水剂 800 倍喷雾进行防治。

另外，在现蕾期还可用 15％多效唑可湿性粉剂 15 克兑水 45 千克喷施，控制地上部徒长，有助于多结薯块。盛花期可每亩用磷酸二氢钾 100～150 克兑水 50 千克喷施促进薯块膨大。

5. 大棚马铃薯种植技术有哪些?

（1）马铃薯的重要生长习性及生长特点

马铃薯喜温、怕寒、不耐热。块茎在 5～7℃开始发芽，15～18℃块茎膨大，超过 25℃停止生长膨大。

喜光。生长期内多雨，光照不足会使茎叶徒长，块茎发育不良，产量低。

喜酸不耐碱。马铃薯在中性、弱酸性疏松的沙壤土中长得最好，碱性土壤中栽培易生疮痂病。生长期内肥水充足，增施磷钾肥，硼、锌微肥，能提高块茎产量和淀粉含量，改善品质，减少病害，增加块茎储藏性。

每生产 1 000 千克马铃薯，需要纯氮（水解 N）5.5 千克、纯磷（P_2O_5）2.2 千克、纯钾（K_2O）10.6 千克。

(2) 种薯处理及播种

①选种。在播种前 20 天左右，选择色鲜、光滑、大小适中品种做种，剔除有病虫害、畸形、龟裂、尖头的劣薯。一般选用中等大小的种薯，每个种薯以 50～100 克为宜。

②催芽。可使出苗早 7～10 天，增产 15% 左右。切块催芽前晒种 2～3 天，切刀要先消毒；一般切块重量为 20～25克，每个切块带 1～2 个芽眼，切块应纵切，打破顶端优势，多带薯肉。

切好的薯块放在 5% 的赤霉素水溶液浸种 3～5 分钟；浸种晾干后上床催芽，催芽时可选室内、温床、温室、塑料膜覆盖等方法；温度保持以 12～15℃ 为宜，最高不超过 18℃，芽长 0.5～1.0 厘米时，即可播种。

③播种。马铃薯根系生长的起始温度为 4～5℃，低温条件下播种，有利于马铃薯先长根后长茎叶。因此，马铃薯可适当早播。

单行播种，垄距 50 厘米，垄高 15～20 厘米，株距 18～20 厘米。播种前先开挖 10 厘米左右深的沟，浇足水，水下渗后可以播种，芽向上播种，最后盖土封沟，封沟时不易将沟封平，可封到沟深的 2/3 处，以便覆盖地膜后形成一个小空洞。

(3) 田间管理技术要点

①破膜引苗。播种至出苗前由于不透风，以提高地温，有利于幼苗的出土。播种后 20～30 天，待出苗率达到 50% 以上时，应及时破膜引苗。露地马铃薯问题较多，尤其最近温

度升高，破膜后，膜下的高温仍烘烤马铃薯幼苗，应及时封膜口。

②温度管理。主要针对大棚马铃薯（2～3 层膜）。白天温度达到15℃时，应将小棚膜拉开；当大拱棚内温度降至15℃时，应将小拱棚膜盖上保温。当天气转暖，7：00 大棚内温度能稳定在15℃以上时，即可撤去小棚膜。如果生长季节遇到寒流天气，应在大棚外侧围上保温设施。马铃薯生长前中期，棚内白天温度应控制在16～22℃，夜间温度应控制在12℃左右；中后期，棚内白天温度控制在22～28℃，夜间温度控制在16～18℃，达到28℃要及时放风降温。

③肥水管理。施足底肥，推荐亩施150～200 千克生物有机肥＋掺混肥（N - P_2O_5 - K_2O＝15 - 10 - 20）100～120 千克，并选择性地补充微肥，如硼、钙等；因马铃薯需钾量很高，可选择冲施高钾水溶肥，一定要选择合格的、质量有保障的、无激素添加剂的产品。建议施用纯养分含量为15 - 3 - 30 的水溶肥，每亩冲施5～10 千克，可根据中后期进行合理追肥。

（4）病虫害防治技术要点

马铃薯最易发生的病害：病毒病、疫病、环腐病、青枯病。这些病害的发生与重茬种植和施肥不科学造成马铃薯营养失调（氮钾比失调、碳氮比失调、缺钾、缺锌、缺硼、缺钙等）有关。

解决重茬病害和营养失调比较好的办法主要有：①按照前面所讲的施肥方案重施有机肥和化肥搭档，既能提高化肥利用率，提高产量，改善品质，又能活化疏松土壤，减少或防止病害发生。②从苗期开始叶面喷施补充微量元素，整个生长期喷3～4 次，结合病虫害防治混合施用。如植株有徒长现象，可适当控旺，尽量少用多效唑类药剂，推荐苯甲丙环唑，在防病的同时也能起到控旺的作用。

马铃薯的主要病害应以预防为主，包括：①种植前可施用甲基托布津浸种，或种植时可选择喷沟方式防治，可选择嘧菌酯＋中生菌素。②可施用烯酰吗啉、霜脲氰、精甲霜灵、霜霉威盐酸盐等防治疫病；可施用中生菌素、喹啉酮、农用链霉素、氢氧化铜等防治青枯病；可施用恶霉灵、甲基托布津、福美双等灌根防治枯萎病；可施用病毒 A＋氨基寡糖素链蛋白＋吡虫啉防治病毒病及其传播。

表 4　马铃薯全生育期解决方案

时期	防治对象	具体方案
播种期	杂草；病害：烂芽块、细菌病、枯萎病、黑痣病；虫害：地老虎、蛴螬、蝼蛄等	播前种薯处理：拌种，施用 70％甲基托布津 200 倍液＋45％异菌脲 800 倍液＋中生菌素 500 倍液＋1 千克滑石粉处理 100 千克种薯；播种期土壤处理：撒施或喷施毒死蜱；二甲戊灵 150 倍液喷雾封闭杂草；50％嘧菌酯 600 倍液＋中生菌素 500 倍液喷沟防治土传病害
苗期	疮痂病、枯萎病、黑痣病；玉米螟、蚜虫	75％百菌清 500 倍液或 25％苯醚甲环唑 1 000 倍液＋中生菌素 500 倍液＋2.5％功夫 300 倍液＋有机硅
花期	晚疫病、枯萎病；蚜虫	70％甲基托布津 800 倍液＋80％酮酰吗啉 800 倍液＋60％吡虫啉 15 000 倍液＋磷酸二氢钾＋硼锌肥喷雾；70％酮酰吗啉·霜脲氰 500 倍液＋25％苯醚甲环唑 1 000 倍液＋25％噻虫嗪 1 500 倍液＋磷酸二氢钾＋硼锌肥喷雾
膨大期	早疫病；控旺；促进块茎膨大	56％嘧菌酯·百菌清 800 倍液＋控旺药剂＋叶面肥；80％代森锰锌 800 倍液＋50％苯醚甲环唑＋丙环唑 1 000 倍液＋叶面肥＋有机硅

（续表）

时期	防治对象	具体方案
成熟期	早疫病、斑点病；早衰	50%福美双·异菌脲 800 倍液＋25%苯醚甲环唑 1 000 倍液＋叶面肥
收获期	干腐病	70%甲基托布津 800 倍液或 75%百菌清 500 倍液＋50%苯醚甲环唑＋丙环唑 1 000 倍液

6. 马铃薯要想高产，应该怎么做？

（1）去尾芽

经试验观察证明，马铃薯的尾芽成株后，产量仅是顶芽或侧芽成株苗的 1/3。为此，在切种薯时应对尾芽弃置不用。

（2）高垄栽培

高垄栽培两边培土，能增加活土层根茎部位土壤疏松，有利于葡萄茎延伸，又能提高地温，满足早期根茎发育所需温度。

（3）配方施肥

马铃薯在整个生长发育期需要大量养分，在土壤贫瘠、养分含量低的地区，必须配方施肥以满足作物生长发育对氮、磷、钾和微量元素的需求，特别是块茎膨长期，由此能大幅度提高产量。

（4）去花蕾

马铃薯可利用的部分是地下的块茎，它根本不需要开花授粉获得，而且孕蕾开花又需要消耗大量的养分。要想获得高产，必须见蕾就要掐去，以节省养分促进块茎的生长。

（5）少铲多直蹚

马铃薯能结块茎的肉质根在土壤里水平生长，往往由于深铲切断了肉质延生根，人为地造成减产。所以，铲完头遍后只蹚不铲，以趟土压草与手工黏除相结合防止草荒，能有效地提高产量。

（6）补镁促产

有研究表明，在马铃薯的生长过程中，尤其是薯块膨大期，如果镁肥充足，不仅产量高，而且淀粉积累多、品质好。因此，在植株 45 厘米高时，每株要以 500～1 000 克硫酸镁兑水溶化后追入。

（7）叶面喷肥

在施足底肥的情况下，从展叶起，每 10 天喷叶一次 0.1％的硫酸镁、0.3％的磷酸二氢钾、1 000 倍的三十烷醇混合液，连喷 3～5 次，能显著提高产量。如能辅以晒种，米醇浸种，每株只留一个壮芽，掰取小苗补空保全苗等其他措施，产量还会进一步提高。

7. 马铃薯主要病虫害有哪些?

（1）早疫病

马铃薯早疫病主要发生在叶片上，也可侵染块茎，属高等真菌危害。前茬土壤带菌、种子带菌，在马铃薯各个生育期都可发病。该病预防手段主要为块种处理、后期预防。施用药剂主要为甲基托布津、吡唑醚菌酯、苯甲嘧菌酯。

（2）晚疫病

马铃薯晚疫病主要发生在叶片、块茎，属高等真菌危害。前茬土壤带菌、种子带菌各生育期都可发病。该病预防手段主要为块种处理、后期预防。施用药剂主要为甲基托布津、吡唑醚菌酯、烯酰吗啉·霜脲氰。

（3）环腐病

马铃薯环腐病主要发生在叶片、块茎，属细菌危害。种子带菌、切刀带菌，各生育期都可发病，生长后期危害相当严重。该病预防手段主要为块种处理。施用药剂主要为中生菌素、农用链霉素。

（4）黑胫病

植株矮小，节短，或叶片上卷，退绿黄化，或胫部发黑，萎蔫而死，横切茎，3条主要维管束变成褐色；薯块染病，始于脐部呈放射状向髓部扩展，病部黑褐色，横切维管束呈黑褐色，薯块变黑褐色，湿烂发臭，有别于青枯病。使用药剂主要为噻霉酮滴灌或叶面喷雾。

（5）蚜虫

蚜虫主要集中在马铃薯叶背面吸食汁液，还可传播马铃薯病毒病，幼苗开始危害叶片。防治手段为拌种处理、药物处理。药物处理主要为吡虫啉、啶虫脒、吡蚜酮。

8. 如何防治马铃薯环腐病?

马铃薯环腐病是一种细菌性病害。该病主要侵染马铃薯的维管束系统，进而危害块茎的维管束环，使块茎失去食用和种用价值，对马铃薯生产危害很大。近年来，由于生产中大面积推广感病品种及栽培措施的不得当，使我国北方马铃薯产区的环腐病再次普遍发生，而且具有日益严重的趋势。

（1）症状表现

植株症状因品种而异，可分为萎蔫型和枯斑型两种。

①萎蔫型。初期从顶端复叶开始萎蔫，似缺水状，逐步向下发展，叶不变色，中午时症状最明显，以后随病情发展，叶片开始褪色并向内卷，下垂，最后倒伏枯死。

②枯斑型。症状从基部叶片开始并逐渐向上蔓延，叶尖或叶缘呈褐色，后渐蔓延，叶肉呈黄绿色或灰绿色而叶脉仍为绿色，呈明显斑驳状，同时叶尖渐枯干并向内纵卷，枯斑

叶自下向上蔓延，最后全株枯死。有的品种兼有两种症状类型，并且以某一种为主。

（2）病薯症状

病轻表面看不出来，薯块可见从脐部开始维管束半环变黄至黄褐色，或仅在尾部稍有变色，薯皮发软，可见尾部皱缩凹陷，重者可达一圈。严重时，用手挤压病菌，会有乳黄色的菌液溢出，皮层与髓部发生分离。播种重病薯，有的出苗晚，长得慢，多数不能出苗。

（3）危害症状

若病薯切块种植，约有 40％不能出苗；能出苗的，在生育初期也出现矮缩病苗，中后期多为萎蔫病株。在田间条件下，病苗高 10 厘米时，病苗可达茎中部；现蕾期已传播到除根以外的各部分。在田间病株陆续表现症状的情况下，现蕾盛期可出现全部病株的 50％，开花盛期可达全部病株的99.4％。若马铃薯播种过晚，病株可不表现症状，这是由于气候冷凉的缘故，病薯率只有 7％左右。

（4）发生规律及侵染途径

环腐病多在现蕾末期至开花初期发病，病原细菌发育适宜温度为 20～23℃，在土壤中的生活力不能持久。该病的传染源主要是带菌病薯，种薯的新鲜切面能提供良好的侵染机会。病菌能够在块茎中生存，播种病薯后，病菌随着薯苗生长，传递到地上茎与匍匐茎内。当土温达 18～22℃时，病害发展最为迅速，但高温能够降低薯块侵染源的传播。

（5）防治措施

①实行轮作倒茬，避免长期连作。

②该病主要为种薯带菌，尽量施用无菌种薯。

③种薯杀菌，播前将种薯切块。切块时，要使用高锰酸钾或者中生菌素对刀进行消毒，边切边消毒，切好后晾干。

④生长期，对于往年发病比较严重的地块，发病初期可连续施用春雷霉素、农用链霉素、噻菌铜3～4次。

9. 马铃薯块茎开裂怎么办?

为了促进马铃薯块茎早膨大、早上市，获得更好的经济效益，生产上一般在早春播种并覆盖地膜。与此同时，马铃薯田块容易出现块茎开裂现象，广大农户由于不知道原因而不知所措，甚至出现"乱投医"现象，反而造成商品性变差、产量下降、品质变劣，造成严重经济损失。为此，结合生产实践，将马铃薯块茎开裂补救措施整理如下：

(1) 精选品种

一些早熟、超早熟品种，其块茎膨大迅速，皮薄，在一些不利的气候栽培条件下会发生块茎内部细胞分裂快膨大快速，而外部细胞分裂慢，在块茎表面就会出现裂痕，甚至裂痕深（开裂）的现象。还有就是迟熟品种过早种植，或者迟熟品种加盖地膜，并且覆盖双层地膜，也会使块茎开裂。一般选用脱毒早熟品种，切忌选用迟熟品种早播。在地块选择上，土壤中不要有大的沙石、瓦砾。

(2) 增施有机肥

田块中有机肥施用量不足，化肥施用量大，致使田间肥力不均匀，使块茎膨大速度不一致，出现开裂现象。为了获得高产，很多种植户会在后期加大氮肥和钾肥的施用量。但如果施用氮肥和钾肥的量过大，再加上适宜的温度和充足的水分，就容易使马铃薯因吸收养分过盛，块茎膨大速度太快，从而使块茎产生开裂现象。因此，马铃薯底肥要增施有机肥，种植年限较长区域首选生物型有机肥，建议亩施150～200千克。

(3) 科学灌溉

在马铃薯块茎开始膨大时，如遇干旱就会使块茎膨大速度减慢，而在此时若遇到大雨或者连续雨水，马铃薯因吸收水分充足，块茎膨大速度加快，致使块茎出现开裂现象。建议马铃薯播种时浇一次透底水，出苗前一般不浇水，出苗遇旱需浇小水，开始结薯时必须满足水分供应，遇旱需浇 1～2 次大水，收获前不再浇水。整个生育期共需浇水 3 次，即现蕾期浇第一次水、盛花期浇第二次水、终花期浇第三次水。

（4）病毒侵染影响

受到病毒侵染的马铃薯块茎，受侵染部位的细胞不进行细胞分裂或者减慢分裂，病毒侵染部位与未侵染部位的生长速度不一致，从而出现块茎开裂现象。脱毒马铃薯块个比较大，生长快，对不良生长条件的耐受能力较强，不易出现开裂现象。建议各位种植户勤于观察马铃薯长势，一旦出现植株生长异常后，及时联系专业人士进行防治。

（5）重视微量元素

若马铃薯开裂为环状开裂，则表明土壤中硼元素含量不足以满足马铃薯正常生长发育的需求。因此，马铃薯种植过程中一定要重视微量元素，可在底肥时亩施硼砂 1 千克，并在马铃薯后期生长过程中选用含有硼元素的肥料。

10. 如何预防马铃薯疫病？

近年来，马铃薯疫病在全国马铃薯主产区已经上升为重要病害，普遍面积连片发生，病株率达到 80% 以上，很多田块达到了 100%，造成特大严重损失。马铃薯疫病已经成为威胁马铃薯生产的重要障碍。因此，必须重视马铃薯疫病的防治，才能保证马铃薯种植获得高产。马铃薯疫病主要包括马铃薯早疫病和马铃薯晚疫病两种。

（1）马铃薯早疫病

①危害症状。马铃薯主要危害叶片，严重时危害块茎。

发病初期叶片出现褐色小黑点，随着病害加重，病斑扩大为同心轮纹病斑，严重时病斑相互连接，整个叶片干枯脱落。发病严重的地块，田间成片干枯，湿度大时，病斑出现黑色绒毛状霉层。马铃薯早疫病发病时，从下部往上部发病。

②发病规律。早疫病一般多发生在苗期后期。危害严重时，叶片病斑相互连接成片，引起局部或整个叶片枯死，高温、干旱有利于病害发生，干燥、湿润天气交替出现的雨季，早疫病发生和流行最迅速。病原菌主要在病残体、土壤、薯种或其他茄科类寄主上越冬。病原菌可通过气流、雨水、昆虫传播，湿度高于70%，该病已发生和流行。

③防治措施。

农业防治：选用土壤肥沃的地块种植，加强水肥管理，适量施用氮肥，增强作物抗病性；摘除病叶，减少传染源。

化学防治：薯种处理，施用甲基硫菌灵处理薯种；幼苗期施用嘧菌酯进行灌根；马铃薯早疫病发病初期，可施用苯醚甲环唑＋嘧菌酯、代森锰锌进行预防，发病比较严重时，可施用肟菌酯＋戊唑醇、吡唑醚菌酯进行防治。

（2）马铃薯晚疫病

①危害症状。晚疫病主要危害叶片、茎蔓和薯块。叶片染病，在叶尖或叶缘出现水渍状退绿斑点，病斑扩大后出现蜷缩，湿度大时，病斑边缘有白色霉层。茎部感病，茎秆干脆，极易折断，茎秆上叶片萎蔫脱落。薯块感病，初生浅褐色斑，以后变成不规则褐色至紫褐色病斑，稍凹陷，边缘不明显，组织变硬，干腐。将病薯从病斑处切开，可见到皮下有一层较深的薯肉变为红褐色，潮湿时软腐、发臭。

②发病规律。晚疫病主要发生在块茎膨大期。带菌种薯是主要的侵染来源，随风、雨、雾、露和气流向周围植株上发展，部分落入土中侵染正在生长的薯块，高温高湿有利于该病的发生和传播。发病菌株可进行二次侵染，发病植株为

中心菌株，向四周扩展。

③防治措施。

农业防治：选用土壤肥沃的地块种植，加强水肥管理，适量施用氮肥，增强作物抗病性；摘除病叶，减少传染源。

化学防治：马铃薯晚疫病发病初期，可施用嘧菌酯＋烯酰吗啉进行预防；发病比较严重时，可施用唑嘧菌胺＋烯酰吗啉、吡唑醚菌酯、氟吡菌胺＋霜霉威盐酸盐、苯酰菌胺等进行防治。

11. 秋茬马铃薯如何施肥？

秋茬马铃薯生产在 8～11 月，这段时间气候变化规律与春季恰恰相反，气温由高到低，光照时间从长到短。一般于 8 月上中旬播种，9 月上旬至 10 月上中旬出苗、现蕾和开花，这段时期马铃薯茎叶生长，10 月下旬至 11 月随着温度降低，昼夜温差加大，有利于有机物的积累储藏，马铃薯块茎的膨大，11 月中下旬即可收获。那么，秋茬马铃薯如何进行施肥和土壤管理呢？

（1）施肥管理

①施足基肥。目前，部分种植户在施用底肥时偏好"一炮轰"模式，施肥量低者 2 袋/亩，高者可达 5 袋/亩，表明目前很多农户在马铃薯施肥时盲目性较大。人有一日三餐，马铃薯也是一样的，"一炮轰"的施肥方式往往会造成后劲不足。一般来说，马铃薯基肥需求量较大。有关研究表明，每生产 1 000 千克马铃薯从土壤摄取纯氮 5～6 千克、五氧化二磷 2～3 千克、氧化钾 11～13 千克；按每亩生产 1 500 千克马铃薯概算，应施纯氮 7.5～9 千克、五氧化二磷 3～4.5 千克、氧化钾 16.5～19.5 千克。建议每亩施农家肥 1 200～1 500 千克或发酵饼肥 60 千克、复合肥 40 千克、钙镁磷（钾）肥 40 千克，结合整地，集中沟施，以充分发挥肥效。若马铃薯种

植年限较长，则施底肥时每亩需加入生物有机肥 80～100 千克，用以改善土壤质地、增加土壤中有益菌数量、提高作物抗重茬能力。施肥方法是，在垄面按马铃薯播种的密度开播种沟，沟深 10～12 厘米，然后将肥料施入沟内拌入土中。如遇干旱可再浇一次稀粪水；然后将种薯按播种规格均匀摆放在播种沟内偏离肥料处或沟边，再在上面覆土 7～8 厘米厚盖种。

②适时追肥。追肥要一促到底，早追肥早管理，还要结合马铃薯生育期及生长势进行追肥。在基肥充足的情况下，生长期间及时追肥两次。第一次追肥在出苗 70％～80％时，每亩追施碳铵 40 千克；第二次追肥在现蕾期，视其生长情况每亩追施水溶肥（N－P_2O_5－K_2O＝15－5－30）10 千克。后期若植株长势不好，可结合浇水增加追肥次数，也可喷施叶面肥（0.5％磷酸二氢钾＋0.6％尿素）1～2 次，促进薯块膨大，增强植株抗性，抗霜冻，防早衰，延长生长。平时视雨水情况及时进行浇水，保持地表湿润，土壤含水量保持在 60％～80％即可。

（2）土壤管理

①及时排涝。秋季阴雨较多，尤其是在 8 月，正是播种后未出苗时期，杂草生长快，马铃薯生长前期，遇到雨后积水，一定要及时排涝。

②中耕除草。中耕除草可有效防止积水造成种薯腐烂，消除雨后板结，防止杂草丛生，以利于出苗及幼苗生长。

③及时培土。第一次培土在现蕾期匍匐茎顶端开始膨大时进行，防止匍匐茎窜出地面变成新的枝条，培土厚 3～4 厘米。第二次培土在开花初期进行，培土时不要埋住下部茎叶。第三次培土可在 10 月下旬进行，此时马铃薯进入块茎膨大盛期，培土要厚些，将垄的两侧培土，有利于保护块茎，防止块茎露出地面，造成霜冻。

附　　录

附录1　无公害农产品小麦标准化生产技术指南

一、产地环境条件

产地应选择在生态条件良好，远离污染源，并具有可持续生产能力的农业生产区域。产地环境质量安全应符合 NY/T 5010《无公害农产品　种植业产地环境条件》的规定。

地势平坦、排灌方便，土壤耕深层厚度 20 厘米以上，土壤肥力中等以上，土壤理化性状良好，以壤土最宜，沙壤、黏壤亦可。

二、生产管理措施

（一）种子

1. 品种选择　选用优质、高产、抗逆性强，并通过审定、适应当地生态条件的新品种。如烟农 24、烟农 5158、洲元 9369、济麦 22、烟农 0428、烟农 999、青农 2 号等。

2. 种子质量　要使用经过精选的种子，种子纯度不低于 99%，净度不低于 98%，发芽率不低于 85%，水分不高于 13%；播前阳光下晾晒 2～3 天。

3. 种子处理　防治小麦纹枯病、根腐病、全蚀病、散黑穗病等病害，可选用 2% 戊唑醇可湿性粉剂或 2.5% 咯菌腈悬浮种衣剂按种子量的 0.1%～0.15% 拌种或包衣。防治地下害虫可选用 50% 辛硫磷乳油按种子量的 0.2% 拌种；在小麦丛矮病常发地块，可选用吡虫啉按种子量的 0.2%拌种，同时兼治灰飞虱。病、虫混发地块，可选用以上药剂（杀菌剂＋杀虫剂）混合拌种，用药量按单独施用的剂量。

（二）整地作畦

采用深耕机械翻耕，耕深 23～30 厘米，打破犁底层，不漏耕，增加土壤蓄水保墒能力。深耕要与细耙紧密结合，无明暗坷垃，达到上松下实；旱肥地平播，平均行距 22 厘米左右；水浇地根据播种机械作业要求规格作畦，平均行距 24 厘米左右，畦埂宽≤40 厘米，畦长不超过 100 米，作畦后整平畦面待播，保证浇水均匀，不冲不淤。

（三）施肥

1. 施肥量　每亩施用优质农家肥 3 000 千克左右，一般亩产小麦 400～500 千克的化肥用量（折纯）为：氮（N）12～14 千克、磷（P_2O_5）5～6.2 千克、钾（K_2O）5～6.2千克。

2. 施肥方法　总施肥量中的全部有机肥、磷肥及氮肥和钾肥的 50%作底肥，在整地时施入土壤；第二年春季小麦起身拔节期再施余下的 50%氮肥和钾肥。地力水平较高的超高产田，可用 40%的氮肥作底肥，60%的氮肥在小麦拔节期追施。

（四）播种

1. 播种时间　适宜播期为 10 月上旬，最佳播期 10 月3～8 日。

2. 播种方法　使用播种机播种，播深 3～5 厘米。播种机不能行走太快，每小时不超过 5 千米，以保证下种均匀、深浅一致、行距一致、不漏播、不重播。

3. 播量与基本苗　最佳播期内，分蘖成穗率高的中穗型品种播量每亩 6～8 千克，基本苗每亩 12 万～16 万；分蘖成穗率中等的大穗型品种播量每亩 7.5～10 千克，基本苗每亩 15 万～18 万。适宜播期内播种根据播种期早晚酌情增减播量。

4. 播种后镇压　用带镇压装置的小麦宽幅精播机播种，随种随压；没有浇水造墒的秸秆还田地块，播种后再用镇压器镇压 1～2 遍。

（五）田间管理

1. 冬前管理　在出苗后和浇冬水前查苗补苗，疏密补稀。于立冬至小雪期间浇一次越冬水，每亩浇水量 40～50 立方米。

2. 春季管理　返青期划锄镇压，增温保墒促稳长。地力足、墒情好的麦田在拔节期追肥浇水；地力一般、群体略小的麦田，在起身期追肥浇水；墒情差的中低产田和施肥不足的脱肥黄弱苗麦田，首次肥水应在小麦返青期进行。根据降水情况，浇好孕穗和灌浆水。

（六）病虫草害防治

以防为主，综合防治，优先采用农业防治、物理防治、生物防治，科学合理地使用化学防治。

1. 病害防治　返青至起身期，防治纹枯病，兼治根腐病、白粉病。拔节期，防治纹枯病、白粉病、锈病，兼治根腐病、小麦全蚀病等。挑旗至孕穗期，重点防治锈病、白粉病。

2. 草害防治　冬前小麦 3～4 叶期、日平均温度 10℃ 以上时，及时防除麦田杂草。根据田间杂草种类选用除草剂。春季杂草较多的麦田，在小麦返青期，日平均温度 10℃ 以上时进行防除。

3. 穗期"一喷三防"　在小麦抽穗期至籽粒灌浆中期，将杀虫剂、杀菌剂、叶面肥等混配，一次用药达到防虫、防病、防干热风、抗倒伏、增粒重的目的。

（七）收获储藏

1. 收获　小麦蜡熟末期联合收割机收获。收获过程所用工具要清洁、卫生、无污染。

2. 运晒　与普通小麦分收、分运、分晒。无公害农产品小麦的包装要符合国家标准的要求。运输工具应清洁、干燥、有防雨设施，严禁与有毒、有害、有腐蚀性、有异味的物品混运。

三、生产档案的建立和记录

在生产过程中建立生产技术档案，详细记录产地环境、生产技术、病虫害防治和采收等相关内容，并保存 2 年以上。

附录 2　无公害农产品玉米标准化生产技术指南

一、产地环境条件

产地应选择在生态条件良好，远离污染源，并具有可持续生产能力的农业生产区域。产地环境质量安全应符合 NY/T 5010《无公害农产品　种植业产地环境条件》的规定。

选择地势平坦、排灌方便，土体厚度 2 米以上，中间无障碍层，活土层＞20 厘米。土壤孔隙度 50％以上，土壤容重（1.4±0.11）克/立方厘米，土壤有机质含量＞0.8％以上的地块。

二、生产管理措施

（一）品种选择

选择优质、高产、抗病、抗倒、适应性广、商品性好的品种。春播和套种玉米推荐选用抗病性强、生产潜力大的中晚熟品种，如金海 5 号、山农 206、丹玉 86、威玉 308、农大 108 等。夏直播玉米推荐选用中早熟品种，如登海 605、郑单 958、登海 618、连胜 188 等。加工鲜食玉米要根据市场需求种植糯、甜等类型玉米新品种，如西星系列等。

（二）种子处理

1. 选种　种子纯度≥96％、发芽率≥85％、净度≥99％、含水量≤13％，单粒精播种子发芽率≥92％。选用精选饱满均匀一致的种子，以提高出苗率和群体整齐度。

2. 晒种　播前将种子摊薄翻晒 2～3 天，在水泥地面上晾晒时，种子厚度不得低于 3 厘米。

3. 拌种　可选择 5.4％吡·戊或 70％噻虫嗪＋2.5％咯菌

腈等高效低毒玉米种衣剂包衣，控制苗期灰飞虱、蚜虫、粗缩病、丝黑穗病和纹枯病等，禁止使用含有克百威（呋喃丹）、甲拌磷（3911）等的种衣剂。或采用戊唑醇、福美双、粉锈宁等药剂拌种，以减轻玉米丝黑穗病的发生；用辛硫磷、毒死蜱等药剂拌种，防治地老虎、金针虫、蝼蛄、蛴螬等地下害虫。种衣剂及拌种剂的使用应严格按照产品说明书进行。

（三）播种

1. 春播　5 月 1～20 日为春玉米适播期。

2. 套种　玉米的适套期一般为 6 月 8～15 日，即麦收前 7～10 天。在适套期内要尽量晚播。为便于小麦机收，防止机械损伤玉米幼苗，推荐在玉米收获前 5 天套种。这样小麦收获时玉米萌动而不出苗，既可以争取积温，又容易保证苗全苗齐。

3. 夏直播　夏直播玉米要遵循"夏播无早，越早越好"的原则，播期一般不要晚于 6 月 25 日。小麦等前茬作物收获后要抢时播种，最好当天收获当天播种。即小麦联合收获→玉米机械直播一条龙作业，促进玉米早发。若墒情不足，可先播种后灌溉，避免先灌溉影响播种机组下地，耽误播种时间。

（四）播种量

播种量按下列公式计算：播种量（千克/亩）＝〔计划每亩株数×1.2×千粒重（克）〕÷（发芽率％×出苗率％×1 000×1 000）。一般亩播量 2～3 千克，单粒精播亩播量 1.5 千克左右。紧凑中穗型玉米品种留苗每亩 4 500～5 500 株，紧凑大穗型品种留苗每亩 3 500～4 500 株，根据品种特性和产量水平酌情增减。

（五）播种

1. 提高小麦等前茬秸秆粉碎质量　采用带秸秆切碎和抛

撒功能的小麦联合收割机，小麦秸秆切碎长度≤10 厘米，切断长度合格率≥95％，抛洒不均匀率≤20％，漏切率≤1.5％。

2. 提高玉米机械播种质量

（1）选用高质量机械。推广与大型拖拉机配套的机械，提高机架高度，增加机架和开沟铲强度，确保行驶速度和播种质量均匀一致。

（2）开沟施肥。开沟深度要一致，一般 6～8 厘米，肥、种隔离。带复合肥每亩 10～15 千克。种肥选用颗粒状复合肥或复混肥；提倡施用玉米缓释肥，减少玉米管理人工消耗。

（3）播种深度、行距。玉米播深应深浅一致，一般 3～5 厘米；行距一般大田等行距为 60 厘米。高产攻关田高密度情况下，为了改善通风透光条件、便于田间管理，采用大小行种植，大行距 80 厘米左右，小行距 30～40 厘米。

（4）覆土镇压。玉米播种后，应覆土严密，镇压强度适宜，镇压轮不打滑。

（5）化学除草。播种后出苗前，每亩用 40％乙·阿合剂 200～250 毫升兑水 50 千克进行封闭式喷雾，防除田间杂草。

（六）施肥

1. 夏玉米在冬小麦等前茬作物施足无污染的有机肥的前提下，以施用化肥为主　根据计划产量确定施肥量，一般按每生产 100 千克籽粒施用氮（N）2.5～3 千克、磷（P_2O_5）1 千克、钾（K_2O）2 千克计算，另外每亩加施 1 千克硫酸锌；一般亩产 600 千克以上的高产地块，亩施纯氮 15～18 千克（折合尿素 32～40 千克）、P_2O_5 6～7 千克（折合标准过磷酸钙 42～48 千克）、K_2O 9～11 千克（折合氯化钾 15～18 千克），高肥地取低限指标，中肥地取高限。施用复合肥或磷酸二铵等肥料时，应按上述氮、磷、钾总量科学计算。

2. 施肥方法　以轻施苗肥、重施大口肥、补追花粒肥为原则。

（1）苗肥。在玉米拔节期，将氮肥计划总量的 30％ 和全部磷、钾、硫、锌肥，沿幼苗一侧开沟深施 15 厘米左右，以促根壮苗。

（2）穗肥。在玉米大喇叭口期（叶龄指数 55％～60％，第 11～12 片叶展开）追施氮肥计划总量的 50％，开沟深施以促穗大粒多。

（3）花粒肥。在籽粒灌浆期追施氮肥计划总量的 20％，以提高叶片光合能力，增粒重。推荐施用硫包膜缓（控）释肥（控释期 90 天），在苗期一次施入。

（七）田间管理

1. 间苗、定苗　在玉米 3 叶期间苗，5 叶期定苗，不得延迟，以防出现苗荒。

2. 去蘖　拔节前及时田间巡查，对肥水条件充足、易出现分蘖的品种，应及时将分蘖除去，以利于主茎生长。

3. 拔除小弱株　在小喇叭口期及时拔除小弱株，提高群体整齐度，保证植株健壮，改善群体通风透光条件。

4. 化学调控　在玉米拔节到小喇叭口期，对长势过旺的玉米，合理喷施安全高效的植物生长调节剂（如健壮素、多效唑等），以防止玉米倒伏。

5. 中耕松土　于苗期和穗期，结合除草和施肥及时中耕两次。

6. 去雄和辅助授粉　当雄穗抽出而未开花散粉时，隔行或隔株去除雄穗，但地头、地边 4 米内的不去。在盛花期人工辅助授粉。

（八）水分管理

1. 玉米各生育期适宜的相对土壤含水量指标（占田间最大持水量的百分比）分别为：播种期 75％ 左右，苗期 60％～

75%，拔节期 65%～75%，抽穗期 75%～85%，灌浆期 65%～75%。当各生育时期田间持水量低于以上标准时，及时酌情灌溉，高于标准时，及时酌情排水。

2. 播种期应酌情造墒或播后浇水，以保证底墒充足、种子尽早萌发和一播全苗 苗期一般不用浇水，拔节以后可视天气情况及时浇水，满足玉米正常生长发育对水分的需求，要特别重视大喇叭口期和开花期的水分供应。灌溉方式以沟灌为主，有条件的可采用渗灌或喷灌，杜绝大水漫灌。

3. 遇涝及时排水 苗期如遇暴雨积水，应及时排水。及时疏通田间沟渠等排水系统，保证玉米生长期间排水畅通，突出做好暴雨后田间及时排水工作。同时，应注意防止涝害。

（九）病虫草害防治及灾害应对

按照"预防为主，综合防治"的原则。优先采用农业防治、物理防治、生物防治，配合科学合理地使用化学防治。

1. 防除草害

（1）人工或机械除草。优先采用中耕灭茬等方式灭除田间杂草。

（2）适时化学除草。玉米 3～5 叶期是喷洒苗后除草剂的关键时期。未进行土壤封闭除草或封闭除草失败的田块，可进行苗后除草。常用除草剂有 48% 丁草胺、莠去津或 4% 烟嘧磺隆等。苗后除草剂施用不当，容易出现药害，轻者延缓植株生长，形成弱苗，重者生长点受损，心叶腐烂，不能正常结实。药害产生的主要原因是没有在玉米安全期（3～5 叶期）内用药、盲目加大用药量、重叠喷药、高温炎热时喷药、多种药剂自行混配、喷药前药械没有清洗干净、误用除草剂、与有机磷农药施用间隔时间过短等。

2. 病虫害防治 夏玉米基地以物理防治和生物防治为主、化学防治为辅。如在害虫盛发期采用频振式杀虫灯或高压汞灯诱杀，释放赤眼蜂等天敌等措施。

（1）播种期病虫防治。播种期预防的病虫害主要有粗缩病、丝黑穗病、苗枯病和地下害虫等。玉米粗缩病是由灰飞虱传毒的病毒病，要坚持治虫防病的原则，力争把传毒昆虫消灭在传毒之前。麦蚜、灰飞虱兼治可每亩用 10% 吡虫啉 10 克喷雾，也可在麦蚜防治药剂中加入 25% 扑虱灵 20 克兼治灰飞虱。在玉米上，一是要用内吸性杀虫剂拌种或包衣，如用 70% 吡虫啉按种子量的 0.6% 拌种或包衣。二是要在出苗前进行药剂防治，可每亩用 10% 吡虫啉 10 克喷雾防治，灰飞虱若虫盛期可每亩用 25% 扑虱灵 20 克防治，同时注意田边、沟边喷药防治。三是要农业防治。玉米播种前田间及周边及时除草，以减少虫源。适当调整玉米播期，使玉米苗期错过灰飞虱的盛发期。及时拔除病株。苗枯病可用 2% 立克秀或 50% 多菌灵按种子量的 0.2% 拌种预防。丝黑穗病主要在玉米幼苗期侵染，可用 2% 戊唑醇或 20% 三唑酮分别按种子量的 0.2%、0.5% 拌种预防。地下害虫可用 40% 甲基异柳磷按种子量 0.2% 拌种防治，兼治灰飞虱、蚜虫等害虫。针对当地流行病虫害和品种抗病虫特性，选择针对性好的包衣剂进行预防苗期病虫害。如选用 35 克/升咯菌·精甲霜（满适金）预防苗枯病、根腐病，70% 噻虫嗪（锐胜）预防灰飞虱，4.23% 甲霜灵·种菌唑（顶苗新）预防黑粉病等。

（2）苗期病虫防治。玉米播种到拔节这一阶段为苗期，一般经历 25 天左右。苗期主要病虫害有二代黏虫、玉米螟、红蜘蛛、蓟马、稀点雪灯蛾、二点委夜蛾等。其防治指标是：二代黏虫玉米 2 叶期每百株 10 头，玉米 4 叶期每百株 40 头；玉米螟为花叶株率 10%；稀点雪灯蛾为每平方米 5 头；二点委夜蛾每平方米 1 头。防治玉米螟，可用 3% 辛硫磷颗粒剂每亩 250 克加细沙 5 千克施于心叶内，可兼治玉米蓟马。用赤眼蜂防治玉米螟，成本低，无污染。防治二代黏虫和玉米蓟马，可用 50% 辛硫磷 1 000 倍液或 80% 敌敌畏乳油 2 000 倍液喷雾防治，兼治玉米蚜和稀点雪灯蛾。防治二点委夜蛾，用 48%毒死蜱乳油 1 500 倍液、或 4.5%高效氟氯氰菊酯乳油 2 500倍液、或 80%敌敌畏乳油 300～500 毫升拌 25 千克细土，于早晨顺垄撒在玉米苗周围，同时进行划锄。

（3）穗期。玉米拔节至抽雄这一阶段为穗期，一般经历 35 天左右。穗期是多种病虫的盛发期，主要有玉米蚜、三代黏虫、叶斑病、茎基腐病、锈病等。其防治指标，玉米蚜每百株 1.5 万头；三代黏虫直播玉米每百株 120 头，套播玉米每百株 150 头；玉米穗虫每百株 30 头；大斑病、小斑病和弯孢菌叶斑病均为抽穗前后病叶率 10%～20%。防治弯孢菌叶斑病，可用 50%百菌清、50%多菌灵、70%甲基托布津 500 倍液喷雾；防治大斑病，可用 40%克瘟散、50%多菌灵、75%代森锰锌等药剂 500～800 倍液喷雾；防治褐斑病，可用 50%多菌灵、70%甲基托布津 500 倍液喷雾防治。摘除老叶病叶，可减少菌源和降低田间湿度。在玉米锈病发病初期，可用 20%三唑酮乳油每亩 75～100 毫升喷雾防治。防治玉米蚜，可用 50%辟蚜雾每亩 8～10 克或 10%吡虫啉每亩 10～15 克兑水 45 千克喷雾防治。防治三代黏虫，可用 50%辛硫磷 1 000 倍液喷雾防治。

（4）花粒期。玉米抽雄到完熟阶段为花粒期，夏玉米花粒期一般 45 天左右。玉米抽雄、开花期是玉米螟、棉铃虫、黏虫、蚜虫等多种害虫的并发期。防治玉米螟、棉铃虫、黏虫，可用 40%敌敌畏 0.5 千克兑水 400 千克灌穗；也可用 90%敌百虫 800 倍液滴灌果穗防治。防治蚜虫，可用 50%乐果 0.5 千克加水 500 千克，或氧化乐果 0.5 千克兑水 1 000 千克喷雾。

3."一防双减" 玉米中后期是产量形成的关键时期，也是多种病虫的集中发生期，具有暴发强、危害重、防治难的特点。玉米"一防双减"，就是在玉米大喇叭口期普遍用药一次防治玉米中后期多种病虫害，减少后期穗虫基数，减轻病害流行程度。主要防治对象：病害主要有玉米褐斑病、弯孢霉叶斑病、大小叶斑病、锈病等；虫害主要有玉米螟、黏虫、棉铃虫、蚜虫、红蜘蛛、桃蛀螟。此期用药在正常年份是玉米整个生育期的最后一次普遍用药，要求选用的药剂应防效高、持效期长，所以成本相应偏高。

（1）每亩用20%氯虫苯甲酰胺悬浮剂（康宽）5～10毫升或22%噻虫·高氯氟微囊悬浮剂（阿立卡）15～20毫升＋25%吡唑醚菌酯乳油（凯润）30毫升混合喷雾。药效持续时间：杀虫剂20～30天，杀菌剂30天。

（2）40%氯虫·噻虫嗪（福戈）水分散粒剂6～8克30%苯醚甲环唑·丙环唑乳油（爱苗）20毫升或20%三唑酮乳油75～100克喷雾。药效持续时间：杀虫剂20天，杀菌剂15天。

（3）3%克百威颗粒剂1～1.5千克撒施于玉米心叶＋20%三唑酮乳油75～100克喷雾。药效持续时间15天。

4. 主要灾害应变措施

（1）涝灾。玉米前期怕涝，淹水时间不应超过12小时。生长后期对涝渍抗性增强，但淹水不得超过24小时。

（2）雹灾。苗期遭遇雹灾，应及时中耕散墒、通气、增温，并追施少量氮肥，也可喷施叶面肥，促其恢复，减少损失。拔节后遭遇严重雹灾，应及时组织科技人员进行田间诊断，视灾害程度酌情采取相应措施。

（3）风灾。小喇叭口期前遭遇大风，出现倒伏，可不采取措施，依靠植株自我调节能力自我恢复，基本不影响产量。小喇叭口期后遭遇大风而出现的倒伏，应及时扶正，并浅培土，以促根系下扎，增强抗倒伏能力，减小损失。

（十）采收

于成熟期收获，玉米成熟期的标志为籽粒乳线基本消失、基部黑层出现。收获后，应及时进行晾晒或烘干，防止霉变。另外，玉米储藏、运输、加工所用的场地、设备必须具备安全卫生、无污染条件。适于青贮的品种可在乳熟末蜡熟初期适时收获，进行青贮。

玉米收获后，严禁焚烧秸秆，应采用不同方式秸秆还田，以培肥地力。

三、生产档案的建立和记录

在生产过程中建立生产技术档案，详细记录产地环境、生产技术、病虫害防治和采收等相关内容，并保存 2 年以上。

附录3　无公害农产品花生标准化生产技术指南

一、产地环境条件

产地应选择在生态条件良好，远离污染源，并具有可持续生产能力的农业生产区域。产地环境质量安全应符合 NY/T 5010《无公害农产品　种植业产地环境条件》的规定。

二、生产管理措施

（一）种子准备

1. 品种选择　大花生选用花育 22 号、花育 33 号、山花 7 号、山花 9 号、青花 7 号、山花 15、花育 25 号、潍花 11 号等新品种，小花生选用花育 23 号、山花 14 号、青花 6 号等新品种。对鲁花 11 号等使用时间较长的品种做好提纯复壮。

2. 精选种子　剥壳前晒种 2～3 天，播种前 7～10 天剥壳，剔除虫、芽、烂果。剥壳后，要剔除与所选用品种不符的杂色种子和异形种子，精选分级，剔除 3 级米和过大的米，以二级米为主，种子大小越匀越好，实行分级播种，要求种子发芽率≥95%，纯度≥98%。

（二）深耕整地

1. 深耕翻　冬前耕地，早春顶凌耙耢；或早春化冻后耕地，随耕随耙耢。深耕要结合增施肥料培肥土壤，提高土壤肥力。耕地深度一般年份 25 厘米左右，深耕年份 30～33 厘米，每 3～4 年进行一次深耕，以打破犁底层，增加活土层。对于土层较浅的地块，可逐年增加耕层深度。

2. 精细整地　在冬耕的基础上，早春化冻后及时进行旋耕整地。旋耕时随耕随耙耢，并彻底清除残余农作物根茎、地膜、石块等杂物，做到耙平、土细、肥匀、不板结。

3. 沟渠配套　要在整地的同时，搞好平泊地台田沟、横节沟，丘陵地堰下沟、腰沟等，使花生田间沟渠相通，排灌畅通，避免涝害。

（三）科学施肥

1. 增施有机肥　一是大力推广秸秆还田与深耕相结合的技术，增加土壤有机质含量。二是广辟肥源、增施农家肥。亩施圈肥 3 000～4 000 千克或腐熟鸡粪 800～1 000 千克，禁止施用没有经过充分腐熟的鸡粪、牲畜粪等。

2. 配方施用化肥　根据产量水平和测土化验结果，按照补偿施肥（不考虑土壤供肥能力和土杂肥供肥）的方法，施用化肥。一般亩产 300～400 千克地块，亩施纯氮 6～8 千克、磷 3～4 千克、钾 7～10 千克；亩产 400～500 千克地块，亩施纯氮 8～10 千克、磷 4～5 千克、钾 10～13 千克；亩产 500～600 千克地块，亩施纯氮 10～12 千克、磷 5～6 千克、钾 13～16 千克。此外，还要适量施用钙、硼、锌等中微量元素肥。钾、钙有拮抗作用，混在一起容易引起烂果，应分层施用。钾肥在耕地前铺施，施后耕翻 0～25 厘米耕层内。钙肥在起垄前铺施，然后起垄播种（即施在 10 厘米的结果层）。要根据土壤养分丰歉情况，因地制宜施用硼、锌等微肥，每亩可施用硼肥 0.5～1 千克、锌肥 0.5～1 千克。

3. 精准施用控释肥　要将常规化肥与缓控释肥配施，1/3 选用速效氮肥作种（苗）肥、2/3 选用缓控释氮肥作果肥，确保养分平衡供应。

（四）规范播种

1. 种子处理　根（茎）腐病等根部病害发生较重的地块，可每亩用 2.5% 咯菌腈（适乐时）30 毫升兑水 100 毫升稀释后拌种；一般地块每亩用 20 毫升。蛴螬等地下害虫发生严重的地块，可每亩用60％吡虫啉（高巧）30毫升加水150毫升稀释后直接拌种，或用35％辛硫磷微胶囊乳剂（绿鹰）500克拌种，阴干后播种。推荐每亩用70％噻虫嗪（锐胜）30克＋2.5％咯菌腈（适乐时）20～30毫升拌种，病虫兼防。

2. 合理密植　高产地块采用单粒精播方式，根据品种特性和土壤肥力状况，亩播13 000～15 000粒。垄距80～85厘米，垄面宽50～52厘米，垄上播2行，行距28～30厘米，株距10～12厘米。中低产地块采用双粒精播方式，适当增加密度。春播大花生亩播8 500～9 500墩，垄距85～90厘米，垄面宽50～55厘米，垄上播2行，行距30厘米，墩距15～17.5厘米。

3. 适期晚播　当5厘米地温稳定在15℃以上时即可播种。经过多年试验和实践，胶东丘陵地区适宜播期为5月1～15日。但进入4月下旬后，播期要服从墒情条件，只要墒情适宜，可抢墒播种；但不能播期过早，以防因地温过低，导致烂种、出苗弱和苗期病害加重。

4. 足墒播种　适墒土壤水分为最大持水量的70％左右，即耕作层土壤手握能成团、手搓较松散时，最有利于花生种子萌发和出苗。适期内，要抢墒播种。如果墒情不足，应及时造墒或溜水播种。

5. 机械覆膜播种

（1）控制好密度和播深。通过更换链轮改变传动比来调整合适的株距，垄距控制在85厘米左右。调整好开沟铲相对于机架的高度和水平位置，确保播种深度达到3～4厘米。

（2）调整好垄形、铺膜、覆土量。改变翻土铲的入土深度，调整合适的垄高。排水良好的平原地垄高10～12厘米，涝洼地要达到13～15厘米。调低展膜轮和增加展膜轮前侧内倾角度，确保覆膜时地膜拉紧、铺平、压牢。增加覆土圆盘的深度和覆土圆盘与前进方向的角度，增加覆土量，覆土高度要达到 5 厘米。

（3）控制机器施肥数量。要选用无板结的颗粒肥，调整排肥轮的工作长度，实现要求的施肥量。播种时，通过机器施肥的数量不能超过全部化肥施用量的 1/3。

（4）调整好施药量。喷施除草剂防除田间杂草，每亩用 96％精异丙甲草胺（金都尔）乳油 75 毫升，兑水 50～75 千克，通过调整好阀门的开度，实现要求的施药量，将药液均匀喷施于垄面，防除一年生禾本科杂草和部分阔叶杂草。

（五）抓好苗期管理

1. 撤土清棵　播种行上方覆土的地块，当幼苗顶裂土堆现绿时，及时将播种行上方的土（堆）撤至垄沟。覆土不足花生幼苗不能自动破膜出土的，要人工破膜释放幼苗，膜孔上方盖好湿土，以保温、保湿和避光引苗出土。

2. 破膜放苗　播种行上方未覆土的地块，当幼苗顶土时，及时破膜压土引苗。膜孔上方盖厚度 4～5 厘米的湿土，引苗出土。如果幼苗已露出绿叶，破膜放苗要在 9：00 以前或 16：00 以后进行，以免高温闪苗伤叶。当有 2 片复叶展现时，要及时将膜孔上的土堆撤至垄沟，露出子叶节。破膜放苗时，要尽量减小膜孔大小，充分发挥地膜的保墒提温作用。

3. 查苗补苗　花生出苗后，立即查苗，发现缺苗，及时补种或补苗。缺苗严重的地块，用原品种催芽补种；缺苗较轻的地块，可在花生 2～3 叶期带土移栽。栽苗时间最好选在傍晚或阴天进行，栽后浇水。

4. 及时抠取膜下侧枝　及时检查并抠取压埋在膜下横生的侧枝。始花前需进行 2～3 次。

（六）中后期田间管理

1. 加强根外追肥，防止脱肥早衰　花生进入中后期，荚果逐步形成，对养分的需求较大，要用浓度为 0.2％～0.3％

的磷酸二氢钾溶液（或 2%～3% 的过磷酸钙浸出液）加 0.5%～1% 的尿素液，或其他富含氮、磷、钾及多种微量元素的叶面肥，进行叶面喷雾。

2. 及时浇水排涝，保证水分供应　适宜的土壤水分为田间持水量的 50%～60%。若低于 40%，会影响荚果的饱满度，应浇水；若高于 70%，也不利于荚果发育，甚至造成烂果。遇旱浇水时，应采用喷灌或小水快速沟灌的方法，切忌大水漫灌，4 级风以上停灌。当土壤水分超过田间最大持水量的 80% 时，必须进行排涝。易涝平泊地块要及时疏通排水沟，山区丘陵地要挖好堰下沟，使之与拦腰沟、花生垄沟相通。

3. 适时灵活化控，防止徒长倒伏

（1）喷施时间。当花生株高达到 35～40 厘米，田间开始封垄时第一次使用化控，时间大约在 7 月中旬。

（2）喷施方法。叶面喷施花生超生宝（40 克/亩）或 1 000～1 200 倍"壮饱安"等。喷药在 16：00 后进行，6 小时内如果遇雨应重喷；喷药时，要喷花生顶部生长点，一喷而过，不能重喷。

4. 加强病虫害防治　要在加强测报的基础上，选择合理防治方法与农药，进行综合防治。对蛴螬等花生田地下害虫，有条件的地方要采用杀虫灯进行防治。化学防治可每亩用 70% 噻虫嗪（锐胜）30 克拌种或用 48% 的毒死蜱每亩 250～300 毫升兑水稀释后防治。对棉铃虫、造桥虫、蚜虫等可在发生初期用 1 500 倍的高效氯氰菊酯喷雾防治，或用 50% 辛硫磷乳剂 800 倍液喷雾防治。对花生叶斑病、锈病，7 月底 8 月初开始，在病叶率达到 10%～15% 时，可每亩用 12.5% 氟环唑（欧博）20 毫升或 10% 苯醚甲环唑水分散粒剂 1 500 倍液，喷雾防治。

（七）采收

适时收获期的标志是：花生植株中下部的茎枝枯黄，中、下部叶片衰老脱落；70％或更多的荚果果壳硬化、网纹清晰，鲜果果壳黄白色中带有铁青色，晒干后呈固有的壳色。要注意在收获的过程中拣拾土壤中和花生棵上的残膜，以尽量减少污染。

三、生产档案的建立和记录

在生产过程中建立生产技术档案，详细记录产地环境、生产技术、病虫害防治和采收等相关内容，并保存 2 年以上。

附录4　无公害农产品马铃薯标准化生产技术指南

一、产地环境条件

产地应选择在生态条件良好，远离污染源，并具有可持续生产能力的农业生产区域。产地环境质量安全应符合 NY/T 5010《无公害农产品　种植业产地环境条件》的规定。

选择排灌方便、土层深厚、土壤结构疏松、中性或微酸性的沙壤土或壤土，并要求 3 年以上未重茬栽培马铃薯的地块。

二、生产技术

（一）播种前准备

1. 品种与种薯　选用抗病、优质、丰产、抗逆性强、适应当地栽培条件、商品性好的各类专用品种。种薯质量应符合 GB 18133《马铃薯脱毒种薯》和 GB 4406《种薯》的要求。

2. 种薯催芽　播种前 15～30 天将冷藏或经物理、化学方法人工解除休眠的种薯置于 15～20℃、黑暗处平铺 2～3 层。当芽长至 0.5～1 厘米时，将种薯逐渐暴露在散射光下壮芽，每隔 5 天翻动一次。在催芽过程中，淘汰病、烂薯和纤细芽薯。催芽时，要避免阳光直射、雨淋和霜冻等。

3. 切块　提倡小整薯播种。播种时温度较高、湿度较大、雨水较多的地区，不宜切块。必要时，在播前 4～7 天，选择健康的、生理年龄适当的较大种薯切块。切块大小以 30～50 克为宜。每个切块带 1～2 个芽眼。切刀每使用 10 分钟后或在切到病、烂薯时，用 5％的高锰酸钾溶液或 75％酒精浸泡 1～2 分钟或擦洗消毒。切块后，立即用含有多菌灵（约为种薯重量的 0.3%）或甲霜灵（约为种薯重量的 0.1%）的不含盐碱的植物草木灰或石膏粉拌种，并进行摊晾，使伤口愈合，勿堆积过厚，以防烂种。

4. 整地 深耕，耕作深度 20～30 厘米。整地，使土壤颗粒大小合适。并根据当地的栽培条件、生态环境和气候情况进行作畦、作垄或平整土地。

5. 施基肥 按照 NY/T 496《肥料合理使用准则 通则》的要求，根据土壤肥力，确定相应施肥量和施肥方法。

氮肥总用量的 70% 以上和大部分磷、钾肥料可基施。农家肥和化肥混合施用，提倡多施农家肥。农家肥结合耕翻整地施用，与耕层充分混匀，化肥做种肥，播种时开沟施。适当补充中、微量元素。每生产 1 000 千克薯块的马铃薯需肥量：氮肥（N）5～6 千克，磷肥（P_2O_5）1～3 千克，钾肥（K_2O）12～13 千克。

（二）播种

1. 时间 根据气象条件、品种特性和市场需求选择适宜的播期。一般土壤深约 10 厘米处地温为 7～22℃时适宜播种。

2. 深度 地温低而含水量高的土壤宜浅播，播种深度约 5 厘米；地温高而干燥的土壤宜深播，播种深度约 10 厘米。

3. 密度 不同的专用型品种要求不同的播种密度。一般早熟品种每亩种植 4 000～4 700 株，中晚熟品种每亩种植 3 300～4 000 株。

4. 方法 人工或机械播种。降水量少的干旱地区宜平作，降水量较多或有灌溉条件的地区宜垄作。播种季节地温较低或气候干燥时，宜采用地膜覆盖。

（三）田间管理

1. 中耕除草 齐苗后及时中耕除草，封垄前进行最后一次中耕除草。

2. 追肥　视苗情追肥，追肥宜早不宜晚，宁少毋多。追肥方法可沟施、点施或叶面喷施，施后及时灌水或喷水。

3. 培土　一般结合中耕除草培土2～3次。出齐苗后进行第一次浅培土，现蕾期高培土，封垄前最后一次培土，培成宽而高的大垄。

4. 灌溉和排水　在整个生长期土壤含水量保持在60％～80％。出苗前不宜灌溉，块茎形成期及时适量浇水，块茎膨大期不能缺水。浇水时忌大水漫灌。在雨水较多的地区或季节，及时排水，田间不能有积水。收获前视气象情况7～10天停止灌水。

三、病虫害防治

（一）防治原则

按照"预防为主，综合防治"的植保方针，坚持以"农业防治、物理防治、生物防治为主，化学防治为辅"的无害化治理原则。

（二）主要病虫害

主要病害为晚疫病、青枯病、病毒病、癌肿病、黑胫病、环腐病、早疫病、疮痂病等。

主要虫害为蚜虫、蓟马、粉虱、金针虫、块茎蛾、地老虎、蛴螬、二十八星瓢虫、潜叶蝇等。

（三）农业防治

1. 针对主要病虫控制对象，因地制宜选用抗（耐）病优良品种，使用健康的不带病毒、病菌、虫卵的种薯。

2. 合理品种布局，选择健康的土壤，实行轮作倒茬，与非茄科作物轮作3年。

3. 通过对设施、肥、水等栽培条件的严格管理和控制，促进马铃薯植株健康成长，抑制病虫害的发生。

4. 测土平衡施肥，增施磷、钾肥，增施充分腐熟的有机肥，适量施用化肥。

5. 合理密植，起垄种植，加强中耕除草、高培土、清洁田园等田间管理，降低病虫源数量。

6. 建立病虫害预警系统，以防为主，尽量少用农药和及时用药。及时发现中心病株并清除、远离深埋。

（四）生物防治

释放天敌，如捕食螨、寄生蜂、七星瓢虫等。保护天敌，创造有利于天敌生存的环境，选择对天敌杀伤力低的农药。利用每亩 23～50 克的 16 000 国际单位/毫克苏云金杆菌可湿性粉剂 1 000 倍液防治鳞翅目幼虫。利用 0.3% 印楝乳油 800 倍液防治潜叶蝇、蓟马。利用 0.38% 苦参碱乳油 300～500 倍液防治蚜虫以及金针虫、地老虎、蛴螬等地下害虫，可用 14～28 克的 72% 农用硫酸链霉素可溶性粉剂 4 000 倍液，或 3% 中生菌素可湿性粉剂 800～1 000 倍液防治青枯病、黑胫病或软腐病等多种细菌病害。

（五）物理防治

露地栽培可采用杀虫灯以及性诱剂诱杀害虫。保护地栽培可采用防虫网或银灰膜避虫、黄板（柱）以及性诱剂诱杀害虫。

（六）药剂防治

1. 农药施用 严格执行 GB/T 8321《农药合理使用准则》的规定。应对症下药，适期用药，更换使用不同的适用药剂，运用适当浓度与药量，合理混配药剂，并确保农药施用的安全间隔期。

2. 禁止施用高毒、剧毒、高残留农药 如甲胺磷、甲基对硫磷、对硫磷、久效磷、磷胺、甲拌磷、甲基异柳磷、特丁硫磷、甲基硫环磷、治螟磷、内吸磷、克百威、涕灭威、灭线磷、硫环磷、蝇毒磷、地虫硫磷、氯唑磷、苯线磷等农药。

3. 主要病虫害防治

（1）晚疫病。在有利于发病的低温高湿天气，每亩用0.17～0.21千克的70％代森锰锌可湿性粉剂600倍液，或0.15～0.2千克的25％甲霜灵可湿性粉剂500～800倍稀释液，或0.12～0.15千克的58％甲霜灵锰锌可湿性粉剂800倍稀释液，喷施预防，每7天左右喷1次，连续3～7次。交替施用。

（2）青枯病。发病初期每亩用14～28克的72％农用链霉素可溶性粉剂4 000倍液，或3％中生菌素可湿性粉剂800～1 000倍液，或0.15～0.2千克的77％氢氧化铜可湿性微粒粉剂400～500倍液灌根，隔10天灌1次，连续灌2～3次。

（3）环腐病。每亩用50毫克/千克硫酸铜浸泡薯种10分钟。发病初期，用14～28克的72％农用链霉素可溶性粉剂4 000倍液，或3％中生菌素可湿性粉剂800～1 000倍液喷雾。

（4）早疫病。在发病初期，用0.15～0.25千克的75％百菌清可湿性粉剂500倍液，或0.15～0.2千克的77％氢氧化铜可湿性微粒粉剂400～500倍液喷雾，每隔7～10天喷1次，连续喷2～3次。

（5）蚜虫。发现蚜虫时防治，每亩用25～40克的5％抗蚜威可湿性粉剂1 000～2 000倍液，或10～20克的10％吡虫啉可湿性粉剂2 000～4 000倍液，或10～25毫升的20％的氰戊菊酯乳油3 300～5 000倍液，或20～40毫升的10％氯氰菊酯乳油2 000～4 000倍液等药剂交替喷雾。

（6）蓟马。当发现蓟马危害时，应及时喷施药剂防治，可施用0.3％印棟素乳油800倍液，或每亩10～25毫升的20％的氰戊菊酯乳油3 300～5 000倍液，或30～50毫升的10％氯氰菊酯乳油1 500～4 000倍液喷施。

（7）粉虱。于种群发生初期、虫口密度尚低时，每亩用

25～35 毫升的 10%氯氰菊酯乳油 2 000～4 000 倍液，或 10～20 克的 10%吡虫啉可湿性粉剂 2 000～4 000 倍液喷施。

（8）金针虫、地老虎、蛴螬等地下害虫。可施用 0.38%苦参碱乳油 500 倍液，或每亩 50 毫升的 50%辛硫磷乳油 1 000倍液，或 65～130 克的 80%的敌百虫可湿性粉剂，用少量水溶化后和炒熟的棉籽饼或菜籽饼 70～100 千克拌匀，于傍晚撒在幼苗根的附近地面上诱杀。

（9）马铃薯块茎蛾。对有虫的种薯，室温下用溴甲烷 35 克/立方米或二硫化碳 7.5 克/立方米熏蒸 3 小时。在成虫盛发期，每亩可喷洒 20～40 毫升的 2.5%高效氯氟氰菊酯乳油 2 000 倍液喷雾防治。

（10）二十八星瓢虫。发现成虫即开始喷药，每亩用 15～30 毫升的 20%的氰戊菊酯乳油 3 000～4 500 倍液，或 0.15 千克的 80%的敌百虫可湿性粉剂 500～800 倍稀释液喷杀，每 10 天喷药 1 次，在植株生长期连续喷药 3 次，注意叶背和叶面均匀喷药，以便把孵化的幼虫全部杀死。

（11）螨虫。每亩用 50～70 毫升的 73%炔螨特乳油 2 000～3 000 倍稀释液，或 0.9%阿维菌素乳油 4 000～6 000 倍稀释液，或施用其他杀螨剂，5～10 天喷药 1 次，连喷 3～5 次。喷药重点在植株幼嫩的叶背和茎的顶尖。

四、采收

根据生长情况与市场需求及时采收。采收前若植株未自然枯死，可提前 7～10 天杀秧。收获后，块茎避免暴晒、雨淋、霜冻和长时间暴露在阳光下而变绿。

五、生产档案的建立和记录

建立田间生产技术档案。对生产技术、病虫害防治和采收各环节所采取的主要措施进行详细记录，并保存 2 年以上。